LE PERROQUET

Photos: Maryse Raymond

Données de catalogage avant publication (Canada)

Pilotte, Michèle

Le perroquet

(Nos amis les oiseaux)

Publié antérieurement sous le titre: Vous et votre perroquet. [Montréal]: Éditions de l'Homme, © 1989.

Publié à l'origine dans la coll.: Collection Nos animaux.

1. Perroquet. I. Titre. II. Titre: Vous et votre perroquet. III. Collection.

SF473.P3P54 20000 636.6'865 C00-941929-2

DISTRIBUTEURS EXCLUSIFS:

- Pour le Canada
  et les États-Unis:
  MESSAGERIES ADP*
  955, rue Amherst,
  Montréal, Québec
  H2L 3K4
  Tél.: (514) 523-1182
  Télécopieur: (514) 939-0406
  * Filiale de Sogides ltée

- Pour la France et les autres pays:
  INTER FORUM
  Immeuble Paryseine, 3, Allée de la Seine
  94854 Ivry Cedex
  Tél.: 01 49 59 11 89/91
  Télécopieur: 01 49 59 11 96
  Commandes: Tél.: 02 38 32 71 00
  Télécopieur: 02 38 32 71 28

- Pour la Suisse:
  DIFFUSION: HAVAS SERVICES SUISSE
  Case postale 69 - 1701 Fribourg - Suisse
  Tél.: (41-26) 460-80-60
  Télécopieur: (41-26) 460-80-68
  Internet: www.havas.ch
  Email: office@havas.ch
  DISTRIBUTION: OLF SA
  Z.I. 3, Corminbœuf
  Case postale 1061
  CH-1701 FRIBOURG
  Commandes: Tél.: (41-26) 467-53-33
  Télécopieur: (41-26) 467-54-66

- Pour la Belgique et
  le Luxembourg:
  PRESSES DE BELGIQUE S.A.
  Boulevard de l'Europe 117
  B-1301 Wavre
  Tél.: (010) 42-03-20
  Télécopieur: (010) 41-20-24

Pour en savoir davantage sur nos publications,
visitez notre site: **www.edjour.com**
Autres sites à visiter: www.edhommecom • www.edtypo.com
• www.edvlb.com • www.edhexagone.com • www.edutilis.com

Dépôt légal: 4e trimestre 2000
Bibliothèque nationale du Québec

ISBN 2-8904-4671-9

L'Éditeur bénéficie du soutien de la Société de développement des entreprises culturelles du Québec pour son programme d'édition.

Nous reconnaissons l'aide financière du gouvernement du Canada par l'entremise du Programme d'aide au développement de l'industrie de l'édition (PADIÉ) pour nos activités d'édition.

nos amis les oiseaux

Michèle Pilotte, vétérinaire

LE PERROQUET

le jour, éditeur

Je dédie ce livre à toutes les personnes qui se consacrent à l'élevage des perroquets. Grâce à elles, à leur patience, à leur dévouement, à leur investissement en temps et en argent, nous pouvons maintenant reproduire plusieurs de ces magnifiques oiseaux en captivité et ainsi aider à la conservation des espèces sauvages, un bien précieux.

À Aline, ma mère, qui est une collaboratrice précieuse et fidèle, et grâce à qui j'ai pu réaliser cet ouvrage.

Introduction

Cet ouvrage, une version révisée et améliorée de *Vous et votre perroquet,* publié en 1989 aux Éditions de l'Homme, nous a permis de réaliser à quel point les connaissances sur ces perroquets ont progressé.

Ces fascinants oiseaux ne sont plus réservés à une riche élite. On les trouve aujourd'hui dans de nombreux foyers. Ils naissent maintenant en captivité et sont élevés par des éleveurs de plus en plus consciencieux et bien informés. La variété d'espèces offerte sur le marché a aussi augmenté.

La capture de perroquets à l'état sauvage est davantage réglementée, ce qui permet d'éviter la disparition de certaines espèces ou leur importation massive dans des conditions parfois déplorables.

Sur le plan médical, nous connaissons mieux les pathologies pouvant les affecter et des recherches cliniques sérieuses sont en cours concernant la vaccination, la détection des maladies, la nutrition, la reproduction, les analyses chromosomiques, les traitements, etc. Mais nous avons encore énormément de choses à découvrir sur ces attrayants perroquets.

Dans le futur, nous nous pencherons sur la médecine préventive, la reproduction, les soins du perroquet âgé, les soins des oisillons, etc., et surtout sur la compréhension du comportement de ces oiseaux si intelligents.

Rendre votre perroquet heureux n'est pas toujours facile. Pour cela, vous devrez essayer de le comprendre et de répondre à ses besoins physiques, physiologiques et psychologiques.

Bonne lecture!

Le perroquet comme compagnon

Si vous consultez cet ouvrage, c'est sûrement parce que vous possédez déjà un perroquet ou parce que vous avez l'intention d'en acquérir un. Pourquoi choisir un tel animal ? Qu'est-ce qui, chez le perroquet, vous fascine au point que vous soyez prêt à investir beaucoup de temps et parfois beaucoup d'argent pour en avoir un ?

Sans nul doute, la première raison qui pousse à acheter un perroquet est qu'il peut parler. Sa capacité d'imiter la voix humaine est presque unique parmi la gent animale. Le perroquet peut répéter des mots et même des phrases ; certains peuvent imiter une voix si parfaitement qu'on jurerait entendre un homme. Mais la faculté de parler n'est pas la seule qualité du perroquet ; c'est aussi un animal curieux, joueur, attachant, amusant et intelligent. Et même si certains perroquets ne parleront jamais ou ne diront que quelques mots, toujours les mêmes, ils n'en seront pas moins des compagnons extraordinaires.

Comme tout être vivant, les perroquets ont aussi des exigences et des défauts avec lesquels vous devrez vivre. Votre perroquet est entièrement dépendant de vous pour sa santé physique et morale. Préparez-vous donc à vivre avec ce compagnon étonnant et apprenez à bien le connaître pour mieux l'apprécier et bien l'entretenir. Avec cet ouvrage, nous essaierons de vous y aider.

Les caractéristiques des perroquets étudiés dans ce livre

En théorie, tous les oiseaux ayant le bec crochu sont des perroquets (ordre des psittaciformes). Même la perruche ondulée est un perroquet! Nous allons cependant limiter cet ouvrage aux oiseaux qui ont une taille suffisante pour qu'on puisse sans hésitation les qualifier de perroquets. Voyons maintenant un peu en détail les différentes espèces de perroquets.

On reconnaît trois familles de perroquets:

1. Les Loris *(Loriidae),* qui se nourrissent [surtout] du pollen des fleurs et du nectar des fruits grâce à leur langue couverte de papilles.

2. Les Cacatoès *(Cacatuidae),* qui sont caractérisés par la présence sur leur tête de longues plumes qui forment une huppe que l'oiseau peut déployer ou refermer pour exprimer certains sentiments: peur, désir, colère…

3. Les Psittacins *(Psittacidae),* qui n'ont ni huppe ni papilles sur la langue. En font partie, entre autres, les Aras, les Amazones, les Gris d'Afrique et les Conures.

Voici une très brève description de quelques espèces de perroquets fréquemment élevées en captivité. Puisqu'une photo vaut mille mots, si vous ne pouvez identifier avec certitude à quelle espèce appartient votre perroquet, nous vous suggérons de consulter une encyclopédie. Nous allons simplement exposer ici certains traits de caractère qui différencient les perroquets les uns des autres.

N'oubliez cependant pas que chaque individu a sa propre personnalité et que même si nous écrivons ici que le Cacatoès est affectueux, le vôtre n'a peut-être pas « lu le livre » et peut vous transpercer la peau avec son bec, ce qui n'est sûrement pas une marque d'affection.

Les Aras (Macaws)

Les Aras sont originaires d'Amérique centrale et d'Amérique du Sud. On les reconnaît à la grande étendue de peau glabre (sans plume) qui entoure leurs yeux et qui descend jusqu'à leurs joues. Les plus gros et les plus beaux perroquets du monde sont des Aras. l'Ara hyacinthe est le plus grand d'entre eux et peut atteindre 1 m.

Il existe 19 variétés d'Aras. En captivité, on retrouve le plus fréquemment l'Ara bleu et or, l'Ara écarlate, l'Ara rouge à ailes vertes et les Aras miniatures (ils sont beaucoup plus petits que les trois précédents), comme l'Ara sévère et l'Ara à épaules rouges.

Le comportement

Malgré leur taille impressionnante et leur bec puissant, la plupart des Aras sont doux, calmes et affectueux. Ils sont très intelligents et, lorsqu'ils sont bien entraînés, ils peuvent apprendre de nombreux tours. Ils s'attachent souvent à un seul maître, mais ils ne sont pas agressifs envers les étrangers.

Le coût

Les Aras sont très dispendieux à l'achat. Pensez aussi à l'investissement majeur que représente l'achat d'une cage à leur taille.

La vocalisation

l'Ara peut prononcer des mots, mais sa voix n'est pas aussi claire que celle d'un Amazone ou d'un Gris d'Afrique et son vocabulaire se limite souvent à quelques mots ou phrases qu'il répète fréquemment. l'Ara crie rarement, mais, s'il le fait, c'est pour attirer l'attention ou parce qu'il est effrayé. Sa puissante voix vous percera alors les tympans.

Les avantages

Les Aras sont des oiseaux magnifiques et demeurent un investissement à long terme : ils ont une durée de vie, selon l'espèce, de plus de

60 ans. Leur physique impressionne, mais ce sont en fait de « gentils géants » et des amis fidèles. Plusieurs espèces se reproduisent en captivité. Les Aras sont parmi les perroquets les plus réceptifs à l'apprentissage de « petits trucs ».

Les inconvénients

La plupart des Aras sont destructeurs et vous devez leur fournir en abondance du bois mou et des jouets à gruger, sinon votre mobilier en souffrira et l'oiseau s'ennuiera. Un Ara criard peut devenir invivable. Lorsqu'il hurle, ne l'encouragez pas en lui offrant de la nourriture ou en lui donnant de l'attention. À l'adolescence, entre l'âge de 3 et 5 ans, l'Ara aura besoin de beaucoup d'attention, d'entraînement et d'encouragement. En fait, tout au long de sa vie, cet oiseau demandera beaucoup de votre temps.

La santé

Les Aras sont très résistants aux maladies. Heureusement pour le vétérinaire et le propriétaire, car, étant donné leur taille et leur force, il n'est pas toujours facile de leur administrer des médicaments. Ils sont surtout sensibles aux maladies virales (souvent intraitables) comme le polyomavirus et le virus de la dilatation du proventricule (PPDS), d'ailleurs nommé à l'origine Macaw Wasting Disease.

Les Amazones

Les Amazones ou perroquets d'Amazonie nous viennent d'Amérique centrale et d'Amérique du Sud. Ce sont des perroquets de taille moyenne, aux coloris très variables selon les espèces. La plupart du temps, leur corps est vert. Il existe 27 espèces d'Amazones.

Nous ne pouvons décrire ici toutes les variétés d'Amazones, mais voici quelques-unes des caractéristiques intéressantes à connaître sur certains d'entre eux.

- Les Amazones à tête jaune, à front jaune, à couronne jaune et à nuque jaune sont les meilleurs parleurs parmi les Amazones. Leur prix est plus élevé que celui des autres Amazones et ils ont parfois des sautes d'humeur imprévisibles.
- L'Amazone à front bleu est aussi un bon parleur et son prix est plus abordable. Ne le confondez pas avec l'Amazone à ailes orange qui lui ressemble beaucoup, mais qui parle peu. L'Amazone à front bleu a des plumes rouge vif sur les ailes et sur la queue, tandis que ces plumes sont (comme son nom l'indique) orange chez l'Amazone à ailes orange.
- Parmi les petits Amazones, on trouve l'Amazone à front blanc et l'Hispanolian, qui sont beaucoup plus petits que les autres Amazones. Ils peuvent parler, mais leur prononciation est laborieuse. Ils demeurent un bon choix si l'espace que vous pouvez mettre à leur disposition est restreint. Certains sont cependant bruyants.
- Parmi les autres Amazones, l'Amazone à couronne lilas, l'Amazone cubain et l'Amazone à joues vertes font aussi de bons compagnons.

Le comportement

Les Amazones sont des perroquets extrêmement enjoués, curieux et intelligents. Ils sont très actifs (peut-être quelquefois hyperactifs!) et s'amusent pendant des heures avec leurs jouets. Ils adorent attirer l'attention et sont les plus enclins à parler en public.

Certains ont une préférence marquée pour un seul maître ou aiment mieux soit les hommes, soit les femmes (ce qui ne donne aucune indication sur le sexe de l'oiseau; cette préférence serait plutôt reliée à leur première expérience avec les humains).

Le coût

Le prix d'un Amazone varie beaucoup selon la rareté de son espèce, son talent d'imitateur, son âge et son degré d'apprivoisement. Avant d'acheter, visitez plusieurs éleveurs et plusieurs boutiques d'animaux, mais évitez de comparer un Amazone adulte complètement sauvage à un bébé nourri à la main qui parle déjà. Le second peut être vendu le double du prix du premier et il le vaut probablement. Qui dit oiseau actif, dit également grande cage et beaucoup de jouets. Pensez-y!

La vocalisation

Selon l'espèce, l'Amazone parle plus ou moins clairement et avec un vocabulaire plus ou moins étendu, mais tous les Amazones peuvent prononcer quelques mots. Contrairement aux Gris d'Afrique qui, bien qu'excellents parleurs, sont très timides, l'Amazone s'exprime facilement même avec des étrangers.

Les avantages

Les Amazones sont de beaux perroquets aux couleurs vives et d'amusants compagnons. Véritables clowns, ils adorent attirer l'attention des humains et interagir. Ce sont d'excellents parleurs et leur talent d'imitation est impressionnant. Ils mettront de la vie dans votre environnement, garanti! Et si vous êtes dans leurs bonnes grâces, leur amour inconditionnel sera durable et inaltérable.

Les inconvénients

Ne laissez jamais un Amazone seul pendant quelques minutes à l'extérieur de sa cage, qu'il ait ou non les ailes taillées, car il trouvera probablement le moyen de faire un «mauvais coup». L'Amazone est curieux et adore mâchonner tout ce qui est à sa portée.

À l'exception des bébés nourris à la main, l'Amazone n'aime pas les caresses trop prononcées. C'est lui qui vous demande et qui vous permet de lui gratter la tête, mais, si vous essayez de le serrer dans vos bras, il pourrait vous mordre et vous faire mal.

L'Amazone est très jaloux et possessif et peut mordre les étrangers ou les autres animaux qui accaparent l'attention de son maître. Il est aussi sujet à des sautes d'humeur imprévisibles.

La santé

L'Amazone a un système respiratoire fragile. Il est sensible aux infections bactériennes et donc aux sinusites, aux laryngites et aux pneumonies. Son caractère enjoué et explorateur le prédispose aux accidents et aux empoisonnements. Il est gourmand et peut donc souffrir d'embonpoint, ainsi que de maladies cardiaques ou hépatiques.

Les Gris d'Afrique

On connaît deux représentants du Gris d'Afrique : le Congo gris (sa queue est rouge vif et c'est le plus gros) et le Timneh gris (plus petit à la queue rouge vin).

Les deux sont d'excellents parleurs, mais la valeur marchande du Congo gris est plus élevée, car il est plus populaire.

Le comportement

Ils sont souvent timides, nerveux et facilement effarouchés, mais leur intelligence est vive et ils peuvent apprendre un vocabulaire étonnant (plus d'une centaine de mots !).

Le coût

Leur coût est variable selon qu'il s'agit d'un Congo gris ou d'un Timneh gris et, surtout, selon le degré d'apprivoisement au moment de l'achat. Le Gris d'Afrique est assez difficile à apprivoiser et, lorsqu'il est effrayé, il pousse un grognement puissant et continu qui peut décourager plus d'un propriétaire inexpérimenté.

La vocalisation

Le Gris d'Afrique est, selon notre opinion, le champion des oiseaux parleurs, bien que la compétition avec l'Amazone à nuque jaune soit serrée. N'oubliez pas que chaque oiseau est unique et que le vôtre pourrait ne dire que quelques mots ou même ne jamais parler. Le Gris d'Afrique vocalise rarement devant les étrangers. Vous devrez donc vous fier à la parole du vendeur s'il vous dit qu'il parle déjà. Ce perroquet imite également très bien les sons et les cris des autres animaux. Il siffle à la perfection. Il est rarement criard, sauf lorsqu'il est effrayé ; il pousse alors des grognements impressionnants.

Les avantages

Le Gris d'Afrique n'est peut-être pas un perroquet très attrayant vu ses couleurs un peu ternes, mais sa personnalité est fascinante. C'est un oiseau extrêmement intelligent. Sa mémoire est excellente, ses talents d'imitateur, sans pareil. C'est probablement le plus intelligent des perroquets.

Les inconvénients

Le Gris d'Afrique est très sensible et le plus petit changement dans sa routine peut le stresser et déclencher des problèmes de picage (l'oiseau s'attaque à son propre plumage). Cet oiseau timide en apparence, peu exigeant, a en fait besoin de beaucoup de votre attention sous peine de développer des problèmes de comportement.

La santé

Ce perroquet est plus fragile que les autres en ce qui a trait aux déficiences en calcium et en vitamine A. Il est souvent très capricieux sur le plan alimentaire et il est difficile de lui faire accepter de nouveaux aliments. Les cas de mutilation du plumage pour des raisons psychologiques sont très fréquents chez cette espèce.

Les Cacatoès

Les Cacatoès viennent d'Australie et des îles environnantes. Ce sont de magnifiques oiseaux pourvus d'une huppe érectile. Les plus répandus en captivité sont : le Cacatoès des Moluques (au plumage légèrement rosé et à la huppe saumon), le Cacatoès à la huppe jaune (au plumage blanc), le Cacatoès Umbrella (à la huppe et au corps blancs) et le Cacatoès Goffin (beaucoup plus petit que les autres) dont le plumage est blanc.

Le comportement

Les Cacatoès sont des oiseaux très affectueux, amusants et faciles à apprivoiser. Ils adorent les caresses et se laissent manipuler comme un chat. Ils exigent beaucoup d'attention et recherchent constamment la présence humaine.

Le coût

Le petit Cacatoès Goffin est peu dispendieux, mais les gros Cacatoès peuvent être beaucoup plus coûteux, surtout s'ils sont très apprivoisés.

La vocalisation

Leur capacité à imiter la voix humaine est limitée et ils n'apprendront souvent que quelques mots difficilement identifiables. Leur voix très puissante en fait des oiseaux difficiles à garder en appartement ou dans un lieu mal insonorisé.

Les avantages

Le Cacatoès sera souvent le premier perroquet dont vous tomberez amoureux. C'est un bel oiseau, même s'il n'est pas très coloré, mais surtout il est friand de caresses. Un oiseau-chat, dirions-nous… Un toutou à aimer et qui vous aimera. Exigeant, mais donnant beaucoup.

Les inconvénients

Le Cacatoès exige énormément d'attention. Vous devrez consacrer plusieurs heures par jour à jouer avec lui et à le caresser. Si vous avez beaucoup de temps, cet inconvénient peut ne pas en être un. Sinon, choisissez une autre espèce de perroquet. Il faut mentionner également que certains sujets sont destructeurs et très criards. Le Cacatoès non apprivoisé peut être assez impressionnant : il dresse sa huppe et crache comme un chat en hérissant ses plumes et en se balançant. Certains Cacatoès seront agressifs envers les autres membres de votre famille par jalousie.

La santé

Les Cacatoès sont assez résistants aux maladies infectieuses. Leur hypersensibilité émotionnelle en fait des oiseaux enclins au picage. Certains d'entre eux vont jusqu'à se mutiler sérieusement. Sur le plan alimentaire, le Cacatoès est sûrement le plus capricieux des perroquets. Il refuse souvent tous fruits et légumes ou autres aliments et peut même n'accepter qu'une seule sorte de graines. Il souffre donc souvent de carence alimentaire. C'est l'oiseau le plus souvent atteint du Psittacine Beak and Feather Disease Virus (PBFD), une maladie virale ressemblant au sida.

Les Conures

Les Conures sont importés d'Amérique du Sud. Ils se distinguent par la présence d'une zone glabre autour des yeux, mais cette peau sans plumes ne s'étend pas jusque sur les joues comme chez les Aras et leur queue est plus longue que celle de l'Amazone. Il existe plus de 40 variétés de Conures et beaucoup de propriétaires devront consulter une encyclopédie pour identifier le leur. À l'exception du plumage, ils forment un groupe assez homogène et nous traiterons donc en bloc de tous les Conures.

Le comportement

Les Conures sont des oiseaux actifs, joueurs et éveillés. Ils sont cependant assez indépendants vis-à-vis de leur maître. Ils peuvent être difficiles à apprivoiser pour un débutant, car ils sont plutôt nerveux. Un Conure bien apprivoisé est tout de même un excellent compagnon. En fait, ce sont des oiseaux méconnus qui ont une personnalité intéressante.

Le coût

Les Conures figurent parmi les moins dispendieux des perroquets présentés dans cet ouvrage. Ils sont donc un bon choix pour ceux qui désirent un perroquet mais ne peuvent y consacrer une fortune. Évidemment, le prix d'un oiseau est aussi fonction de ses qualités.

La vocalisation

Le Conure peut apprendre à dire quelques mots, mais, en général, ce n'est pas un bon parleur. Son cri strident et répétitif peut être difficile à supporter.

Les avantages

Les Conures sont des perroquets peu dispendieux, aux coloris variés. Si vous choisissez bien le vôtre, vous pourriez facilement découvrir la perle rare. Les Conures sont vifs, intelligents et actifs. Ils peuvent parler, même si leur vocabulaire est limité. À découvrir!

Les inconvénients

Sans contredit, son principal handicap est son côté criard. Certains Conures sont aussi très destructeurs et leur morsure est douloureuse.

La santé

Le Conure est un oiseau à la santé robuste. Il peut cependant transmettre la maladie de Pacheco, une maladie virale extrêmement contagieuse qui est mortelle pour les autres perroquets. Pour cette raison, nous déconseillons tout contact entre un Conure et d'autres espèces de perroquets.

Les autres perroquets

Nous ne pouvons décrire ici toutes les variétés de perroquets : il en existe plus de 330 ! Pour connaître les caractéristiques et le caractère particulier de votre perroquet, s'il n'est pas décrit ici, nous vous suggérons de vous informer auprès de vétérinaires, d'éleveurs ou de propriétaires de boutiques d'animaux compétents. Brièvement, voici la description d'autres espèces susceptibles de vous être offertes.

Les Loris et les Loriquets

Originaires d'Australie et des îles du Pacifique, ces oiseaux sont en général très colorés. Leur langue couverte de papilles permet d'extraire le nectar et le pollen des fleurs. Ce sont aussi de grands amateurs de fruits. En captivité, ils sont très actifs, joueurs et amusants. Leur capacité à imiter la voix humaine est limitée et leur cri un peu perçant, mais ce sont d'excellents compagnons. Vous devez cependant prévoir un peu plus d'entretien, car ce sont des oiseaux plutôt « salissants ».

Les Pionus

Ces perroquets de taille moyenne (moins de 28 cm) sont originaires d'Amérique du Sud. Ils ressemblent beaucoup aux petits Amazones, mais leur tempérament est plus calme et plus prévisible. Leur capacité vocale est limitée et ils sont peu bruyants. Ce sont d'excellents compagnons pour qui désire un perroquet calme et constant.

Les Poïcephalus

Sous ce nom un peu rébarbatif se cachent de petits perroquets (moins de 22 cm) originaires d'Afrique. Les plus populaires sont le Perroquet du Sénégal et le Meyer, des oiseaux curieux et joueurs qui vous surprendront ! Malgré leur petite taille, ils ont un caractère fort et n'ont peur de rien. Leur vocabulaire est limité et leur cri strident, mais, en général, ils sont peu bruyants.

Les Caïques

Ces perroquets ressemblent aux Poïcephalus, mais ils ont une personnalité plus forte et un entrain infatigable.

Les Rosellas (genre Platycerus)

Ce sont de magnifiques oiseaux, originaires de l'Australie et des îles avoisinantes. Avec leur petit bec, leur corps fin et leur longue queue, ces élégants perroquets ressemblent davantage à la perruche. Farouches et nerveux, ils ne sont pas parleurs. L'apprivoisement est souvent difficile, mais gratifiant.

Les perruches indiennes à collier

Originaires de l'Inde et des contrées avoisinantes, les perruches indiennes sont de magnifiques oiseaux un peu farouches. On les remarque surtout par leur élégance, car ils sont peu vocalisateurs. Il est nécessaire de leur procurer une grande cage. En fait, ils sont plus heureux en volière avec des congénères.

Critères pour bien choisir votre perroquet

En général

L'achat d'un perroquet ne doit pas être fait à la légère. Ce sont des oiseaux intelligents et sensibles et vous en devenez responsable! Pensez-y! Il y a quelques années, les refuges pour perroquets abandonnés étaient rares. La raison: le prix de ces oiseaux, la facilité de trouver des amis, des éleveurs ou des jardins zoologiques pour l'adoption. Ce n'est plus le cas. À moins d'être une espèce rare, votre ami sera offert en adoption ou pensionnaire d'un refuge parfois pendant plusieurs mois. Pensez-y, n'abandonnez pas votre ami!

Un vétérinaire peut le soigner s'il est malade et les problèmes de comportement se règlent avec du temps, de la patience et un minimum de connaissances. Sinon, un consultant en problèmes de comportement aviaire vous aidera.

Pourquoi voulez-vous un perroquet ?

En général, on choisit un perroquet parce que l'on aime les oiseaux et que l'on désire un ami plus présent, différent, amusant ou intéressant, ou simplement parce qu'on a eu le coup de foudre. Mais n'oubliez pas que les inséparables, les perruches ondulées et les cockatiels sont aussi d'excellents compagnons. Un perroquet est plus exigeant : c'est un défi à relever, un ami à vie, un caractère à découvrir. Le prix d'un perroquet (y compris les accessoires comme la cage) est élevé. Cet oiseau a une longévité intéressante, soit plus de 40 ans selon l'espèce. L'achat d'un perroquet est un geste qui demande mûre réflexion. Posez-vous certaines questions !

Vous désirez un perroquet :

- Parce qu'il parle ? Dirigez alors votre choix vers les espèces qui ont de bons talents d'imitateurs : Amazone ou Gris d'Afrique. Si possible, achetez un oiseau qui parle déjà.
- Pour la beauté ? Les Aras, les Cacatoès et les Loris sont de bons choix, mais ils sont plus dispendieux que les autres.
- Comme compagnon ? Choisissez un oiseau jeune ou déjà apprivoisé, sauf si vous avez beaucoup de temps à consacrer à son entraînement.
- Pour épater vos amis ? Achetez plutôt une chaîne stéréo ou une œuvre d'art. La plupart des perroquets refusent de parler ou de faire des tours en public.

Combien de temps avez-vous à lui consacrer ?

Un oiseau très apprivoisé ou très sensible ne supporte pas d'être laissé seul à la maison toute la journée. Les Africains gris et les Cacatoès sont des perroquets qui exigent beaucoup d'attention. Par contre, les

Conures, les Amazones, les grandes perruches et les Pionus s'amusent très bien tout seuls et constituent un bon choix si vous avez une vie bien remplie. N'oubliez pas cependant que tous les perroquets exigent un minimum d'attention et que la routine quotidienne, c'est-à-dire préparer ses repas, nettoyer sa cage, lui donner des bains, interagir avec lui, etc. vous demandera au moins une heure par jour.

Quel environnement offrirez-vous au perroquet ?

Prévoyez d'avance l'emplacement de la cage : un gros perroquet et sa cage peuvent être encombrants dans une petite pièce. Avez-vous plusieurs enfants ou plusieurs autres animaux ? Si oui, choisissez un perroquet calme, pas trop jaloux et déjà habitué à une vie mouvementée. Et surtout, demandez-vous quel niveau de bruit vous pouvez endurer. Certains perroquets sont criards et ont une voix réellement puissante. Quelques Aras, Cacatoès et Conures ne seront supportables que si vous avez des pièces bien insonorisées.

Que choisir ? Un mâle ou une femelle ?

Avant l'achat, vous aurez probablement déjà réfléchi à la question : est-ce que je désire un mâle ou une femelle ? L'un et l'autre ont leurs problèmes, leurs avantages et leurs inconvénients, mais dites-vous bien une chose : la majorité des perroquets ne présentent aucun signe externe vous permettant de déterminer leur sexe et, en fait, sauf pour le nom de votre ami, cela n'a que peu d'importance.

Bien sûr, le perroquet femelle pourra éventuellement pondre des œufs (même si elle n'est pas en contact avec un mâle), mais ceci est extrêmement rare en captivité. La masturbation excessive peut être un problème chez certains oiseaux mâles, mais aussi chez certaines femelles.

Choisir un couple

Différentes raisons peuvent vous inciter à vouloir non pas un, mais deux perroquets.

- Pour la reproduction. Évidemment, c'est essentiel ! Assurez-vous d'avoir un mâle et une femelle (voir p. 151), mais sachez que la reproduction en captivité de la plupart des perroquets est difficile et est, en général, réservée aux éleveurs chevronnés qui ont un environnement adéquat et plusieurs couples.
- Parce que vous avez beaucoup d'occupations et peu de temps à consacrer à un oiseau, vous pensez qu'ils s'ennuieront moins à deux. En effet, cependant le perroquet est un oiseau qui exige de l'attention et beaucoup de soins. L'entretien général, le nettoyage de la cage, les soins du plumage et des griffes, la cage, les périodes de jeux, etc., tout cela demande encore plus de temps pour deux oiseaux. Vous seriez peut-être mieux de considérer l'achat de plus petits oiseaux tels les pinsons, perruches ou cockatiels.

Quel montant d'argent voulez-vous consacrer à l'oiseau ?

En prévoyant vos dépenses, calculez le prix d'achat du perroquet lui-même, mais aussi le prix de la cage, des aliments, des jouets et des visites chez le vétérinaire. En règle générale, attendez-vous à payer plus cher pour un oiseau s'il est apprivoisé, s'il parle, s'il est jeune et si son apparence extérieure est parfaite… Magasinez et comparez les prix. Il n'y a pas de prix défini pour une race de perroquets, parce qu'il existe trop de différences entre les sujets. Le perroquet n'est pas un bien de consommation standardisé et de nombreuses variables déterminent sa valeur. Vous pouvez payer deux fois plus cher pour un perroquet nourri à la main ou pour un parleur reconnu, mais peut-être vaut-il deux fois plus, compte tenu de vos attentes. Méfiez-vous de l'aubaine du siècle. Il n'y a pas de raison, à moins d'être le futur beau-frère du propriétaire, pour qu'on vous offre un merveilleux perroquet, parleur, nourri à la main et apprivoisé, pour un prix ridiculement bas. Nous avons vu de nombreux cas de fraudes, malheureusement parfois difficiles à prouver. Par exemple, le perroquet avec une bague de quarantaine qui serait né à la maison ; l'oiseau dit « de six mois » avec des signes extérieurs évidents de vieillesse ; le Conure vendu comme étant l'Amazone, le meilleur parleur au monde, qui ne dira jamais un mot. Ce qui nous amène à un autre point important : le lieu de l'achat.

Où acheter et comment acheter un perroquet ?

Chez l'éleveur

Si cela vous est possible, un bon éleveur est sans nul doute la meilleure ressource pour vous procurer un perroquet. Vous pouvez demander à voir les parents de votre oiseau, obtenir sa généalogie et la date exacte de sa naissance.

Les éleveurs de perroquets sont peu nombreux, car la majorité des perroquets sont difficiles à reproduire en captivité. Informez-vous auprès de votre vétérinaire pour connaître un bon éleveur. Celui-ci aura probablement un dossier chez votre vétérinaire, non parce qu'il a des problèmes, mais parce qu'il pratique la prophylaxie, c'est-à-dire la prévention. Souvent, le bon éleveur demandera au vétérinaire une visite semestrielle ou annuelle à domicile pour juger de l'état de santé de ses oiseaux. Il fera autopsier tous les sujets morts de causes inconnues et, si nécessaire, suivre un programme de médecine préventive.

Vous pouvez aussi dénicher un bon éleveur en assistant à des expositions d'oiseaux ou en demandant la liste des membres des clubs d'ornithologie de votre région. Cependant, certains éleveurs de qualité ne se présentent pas aux concours de peur de contaminer leurs oiseaux au contact de dizaines d'autres, qui ne proviennent pas toujours de sources très sûres.

La majorité des éleveurs de perroquets auront aussi d'autres espèces d'oiseaux à vous proposer. Cela dénote un intérêt certain pour l'aviculture (élevage des oiseaux), mais il existe aussi quelques éleveurs spécialisés uniquement dans l'élevage des perroquets.

En résumé, pour connaître un bon éleveur, adressez-vous aux vétérinaires, visitez des expositions d'oiseaux, consultez la liste des associations d'aviculteurs et communiquez avec eux, feuilletez les revues spécialisées sur les oiseaux; bref, informez-vous auprès de plusieurs sources, mais ne soyez pas trop déçu si vous n'en dénichez aucun dans votre région. Plusieurs grosses fermes d'élevage sont situées sous des climats plus chauds et souvent ne font pas affaire directement avec les particuliers.

Vous pouvez demander de visiter l'élevage, mais ne vous étonnez pas trop si l'on refuse. Parfois, hélas! c'est parce que l'endroit n'est pas bien entretenu, mais, le plus souvent, certains éleveurs très consciencieux, pour des raisons d'hygiène et de bien-être, ne laissent personne déranger les oiseaux. Si un éleveur vous refuse une visite, prenez la précaution de vérifier auprès d'autres sources s'il a bonne réputation (ne consultez pas un autre éleveur, la compétition est très vive dans ce milieu!).

Le prix des oiseaux vendus chez les bons éleveurs est plus élevé, mais n'oubliez pas que l'éleveur a dû faire des dépenses importantes pour nourrir et entretenir les parents pendant plusieurs années et, surtout, pour prendre soin des bébés perroquets. La plupart des éleveurs nourrissent les bébés à la main pendant plusieurs semaines jusqu'au sevrage. Les jeunes perroquets seront alors très apprivoisés et plus doux, mais assurez-vous qu'ils ont été socialisés adéquatement.

De plus, de nombreux éleveurs peuvent vous offrir des oiseaux élevés avec de la moulée au lieu des graines, ce qui est meilleur pour la santé et la longévité de votre oiseau (voir p. 47).

Dans une boutique d'animaux

La boutique d'animaux est l'endroit le plus accessible pour se procurer un perroquet, mais il faut bien la choisir. Vérifiez si le personnel est compétent et en mesure de bien vous conseiller. L'endroit est-il propre ? Vous permet-on de faire examiner votre futur oiseau par un vétérinaire en vous donnant une garantie en cas de problèmes majeurs ? Les boutiques d'animaux vous permettent de voir plusieurs sortes d'animaux et ainsi de choisir celui qui vous convient le mieux. On vous y offrira également un service après-vente et tous les accessoires nécessaires pour rendre la vie plaisante à votre perroquet.

Certaines boutiques d'animaux ont leur propre élevage, d'autres traitent avec un ou plusieurs éleveurs locaux. Mais, dans la majorité des cas, les oiseaux sont achetés chez des grossistes qui les importent ou s'approvisionnent dans des fermes d'élevage commercial. La qualité des perroquets peut donc varier beaucoup d'un endroit à un autre. Cependant, certaines boutiques d'animaux sélectionnent les oiseaux avant la vente et retournent les sujets douteux aux fournisseurs. Votre vétérinaire pourra vous recommander une bonne boutique d'animaux.

Conseils

- Magasinez un peu, vous serez étonné des différences de prix des perroquets d'une animalerie à une autre. Attention ! il vaut souvent mieux payer un peu plus cher pour un oiseau plus calme, plus doux, qui a été nourri à la main et qui est en santé que de ne se fier qu'au prix et de se retrouver avec un oiseau hypernerveux, agressif ou malade.
- Considérez aussi le service après-vente. Pourrez-vous revenir au magasin en tout temps pour poser des questions ? Serez-vous bien reçu ? Une vente rapide, sous pression, où l'on ne prend pas le

temps de bien vous informer des responsabilités liées à la possession d'un oiseau n'augure rien de bon.

- Les boutiques d'animaux ne sont pas des cliniques vétérinaires. Les gens qui y travaillent n'ont pas l'expertise nécessaire pour diagnostiquer et traiter les animaux malades. Un problème médical demande l'attention d'un professionnel de la santé : le vétérinaire.
- N'achetez pas d'oiseaux provenant de lieux sales ou surpeuplés. Les marchés aux puces, les foires, les vendeurs itinérants sont à déconseiller.
- Si l'on vous parle d'une garantie de santé, demandez-la par écrit au vendeur.

D'un particulier (tableaux d'affichage, petites annonces, bouche à oreille)

Vous pouvez acheter un perroquet d'un particulier et profiter parfois de réelles aubaines, mais posez-vous une question primordiale : « Pourquoi vend-il ? » Vendriez-vous votre perroquet s'il était réellement un compagnon extraordinaire ?

Exigez, dans ce cas aussi, un examen vétérinaire. Si on vous le refuse, dites-vous que ce perroquet n'aurait peut-être pas répondu à vos attentes et qu'en ne l'achetant pas, vous évitez probablement d'avoir à débourser dans le futur des sommes substantielles chez un vétérinaire.

Conseils

- Soyez précis en questionnant le vendeur sur les raisons de la vente. Un perroquet « trop bruyant » peut être simplement un peu vocalisateur le matin ou être un criard invétéré plusieurs heures par jour.
- Avant d'aller voir l'oiseau, prenez toutes les informations pertinentes : race du perroquet, âge, problèmes de santé, de comporte-

ment, et informez-vous du prix de cet oiseau dans une boutique d'animaux.
- Dans le prix d'achat, faites inclure le plus possible d'accessoires: cage, perchoirs, jouets, nourriture, etc.
- Vérifiez si la vente est finale ou si le vendeur reprendrait l'oiseau en cas d'incompatibilité et ce, dans un délai raisonnable.

Dans un refuge ou à la Société protectrice des animaux

Malheureusement, plus la popularité des perroquets augmente, plus le nombre d'oiseaux abandonnés augmente aussi. Les raisons de l'abandon sont variées: achat impulsif par un acheteur inexpérimenté ou débordé, attente trop élevée du propriétaire, trop de temps, d'argent, d'entretien à consacrer à l'oiseau, mais aussi trouble de comportement chez un oiseau mal encadré, trouble de santé, de plumage, etc.

Vous pouvez offrir un bon foyer à ces oiseaux délaissés, si vous avez des attentes réalistes et une bonne connaissance de base des perroquets. Prévoyez être sur une liste d'attente et soyez prêt à accepter un oiseau imparfait. La plupart des refuges sont tenus par des gens honnêtes et très impliqués auprès des animaux. Vous aurez à répondre à bien des questions et à montrer patte blanche. Ces gens ne veulent pas que les oiseaux soient de nouveau maltraités.

Règles de base pour le choix de votre perroquet

Peu importe l'endroit de l'achat, les règles de base présentées ici peuvent vous aider à choisir le meilleur sujet.

L'âge

Un jeune oiseau (moins de six mois) sera beaucoup plus facile à manipuler et, pour un débutant, représentera sûrement le meilleur choix. Mais voilà, pas facile de savoir l'âge d'un perroquet une fois qu'il a développé toutes ses plumes. En cas de doute, consultez une personne compétente: vétérinaire, éleveur, propriétaire de boutique d'animaux fiable. Mais sachez qu'il n'existe aucune façon d'être absolument certain de l'âge exact d'un oiseau. Chez le chien, le chat, le cheval, l'examen de la dentition donne des indices précieux, mais les perroquets, comme les poules, n'ont pas de dents! Cependant, toute personne expérimentée peut distinguer un bébé oiseau d'un adulte. Elle notera des différences quant à la coloration de l'iris et du plumage, quant au comportement, à la vocalisation, à l'attitude, etc.

Si l'oiseau est « bagué », vérifiez le numéro de la bague. Dans certains cas, l'année de la naissance sera inscrite verticalement. Selon l'éleveur, d'autres chiffres horizontaux y sont inscrits.

Exemple:
Année écrite
Verticalement: 99
Code: 1651
Numéro des parents
Numéro de la portée
Etc.

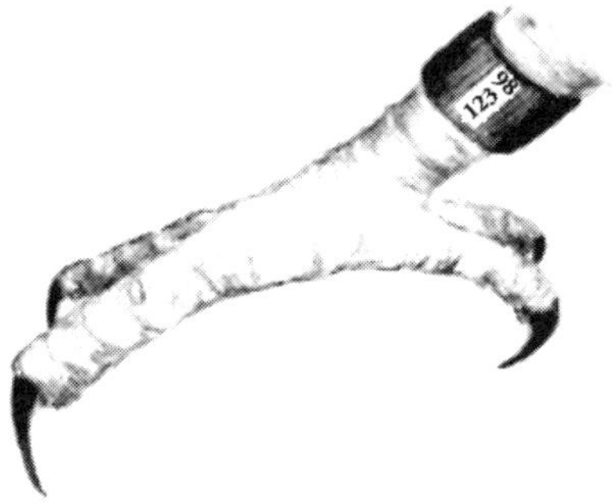

Dans ce cas, le perroquet est né en 1999. Les mois ne sont presque jamais inscrits. Si la bague n'a aucune ouverture, cela signifie qu'on l'a enfilée à la patte toute menue de l'oiseau naissant. C'est donc une bonne preuve de l'âge réel du perroquet. Mais plusieurs éleveurs fonctionnent uniquement par code et il peut être difficile de savoir l'âge de cette façon.

Le perroquet plus âgé, s'il n'est pas trop nerveux ou agressif, ou si vous avez de la patience et du talent, a aussi des avantages. Ses talents de vocalisateur sont plus développés, son caractère est mieux formé. Il sera moins dépendant de vous, et son prix est souvent moins élevé.

Gris d'Afrique (Timneh gris)

Conure à couronne bleue

Ara bleu et or

Cacatoès des Moluques

Nourri à la main ou non

Il est de plus en plus courant de trouver des perroquets dits « nourris à la main » (*hand-feed,* en anglais). Il s'agit généralement d'oisillons âgés de 1 jour à 3 semaines, nés en incubateur ou que l'on a séparés de leurs parents naturels pour les nourrir à la seringue ou à la cuillère jusqu'au moment du sevrage. L'oisillon sera alors très attaché aux humains et, pourvu qu'il ait été bien socialisé, il s'avérera un très bon achat pour le propriétaire débutant ou n'ayant que peu de temps à consacrer à l'apprivoisement. En plus, vous encouragez l'aviculture, c'est-à-dire la reproduction des oiseaux en captivité, ce qui est un plus, car la capture à l'état sauvage peut décimer des populations d'oiseaux et contribuer à l'importation de maladies contagieuses. Cependant, les oiseaux nourris à la main ont besoin de beaucoup d'attention et d'encadrement sous peine de développer des problèmes de comportement.

Sevré ou non

À moins d'avoir déjà de l'expérience dans le gavage de bébés oiseaux, il est préférable d'acheter un bébé perroquet déjà sevré. D'ailleurs, plusieurs éleveurs refusent de vendre un oisillon non sevré. Nourrir à la main un bébé oiseau demande beaucoup de temps, d'attention et de dévouement, et aussi beaucoup d'habileté. Des erreurs fatales peuvent survenir et vous pourriez tuer votre oiseau par inexpérience. En bref, nous déconseillons l'achat de bébés perroquets non sevrés, sauf dans des cas exceptionnels.

L'apparence extérieure

Autant que possible, achetez un spécimen parfait. L'oiseau idéal aura un plumage brillant, sans zone déplumée, les yeux vifs et un comportement alerte.

Méfiez-vous de l'oiseau inactif, au plumage hérissé, surtout s'il dort la tête retournée et enfouie dans ses plumes.

Observez bien votre oiseau avant l'achat: est-il alerte, mange-t-il bien, ses selles sont-elles normales (comparez avec les autres), son plumage est-il lisse et non ébouriffé, ses narines claires, sa respiration facile, son attitude enjouée et curieuse? Ce sont tous de bons signes.

Conseils

- Les très jeunes oiseaux vont normalement passer quelques heures en plein jour à se reposer, le plumage un peu gonflé. Observez-les à différentes heures de la journée. Si ces périodes de repos sont entrecoupées de périodes très actives, il n'y a aucun problème.
- Prenez le temps d'examiner tous les autres oiseaux en contact avec votre futur compagnon. Si l'un d'entre eux a la diarrhée ou des problèmes respiratoires (anus souillé, selles liquides, nez qui coule, éternuements, difficultés à respirer), il pourrait souffrir d'une maladie contagieuse; même si le vôtre semble bien se porter, il pourrait couver la même maladie et ne montrer des symptômes que lorsqu'il sera trop tard.
- Jetez un coup d'œil à son environnement: des plats sales, un fond de cage malpropre, une odeur désagréable sont des signes de mauvaise hygiène; les bactéries et les champignons, qui peuvent y proliférer, ont peut-être déjà contaminé l'oiseau.
- Un oiseau un peu déplumé dans le cou ou sur la tête peut être la cible de ses congénères (coups de bec), mais aussi souffrir d'une maladie de peau ou de parasites. En cas de doute, faites isoler votre futur oiseau pour une semaine. Si la zone déplumée se recouvre ensuite de petits piquants (nouvelles plumes non adultes), vous pouvez l'acheter sans crainte.
- Les maladies respiratoires sont sans doute les plus dangereuses chez le perroquet. N'achetez donc jamais un oiseau qui éternue fréquemment (une à deux fois par jour est cependant normal), qui respire bruyamment ou dont les narines sont obstruées par des sécrétions.

- Si vous avez déjà un ou plusieurs oiseaux à la maison, attendez 45 jours avant de les mettre en contact avec le nouveau venu et assurez-vous qu'on a vérifié que le nouveau perroquet ne souffrait d'aucune maladie, comme la psittacose.
- Méfiez-vous aussi de l'oiseau qui a les plumes de l'anus souillées de selles, c'est un signe de diarrhée.

Le comportement

Voici quelques indications pour choisir un bon compagnon.

- Surtout, prenez votre temps avant de choisir votre perroquet. Le comportement de votre futur ami est aussi important que son apparence.
- Observez de loin votre futur oiseau et voyez comment il interagit avec ses compagnons de cage, s'il y a lieu, ou avec les gens qu'il connaît. Choisissez de préférence un oiseau actif, curieux, joueur et qui recherche la présence de ses congénères et des humains.
- Approchez-vous de la cage ou du perchoir et notez la réaction de l'oiseau. Choisissez le perroquet calme et attentif qui vous observe du coin de l'œil avec intérêt et même qui s'approche de vous.
- Sifflez ou parlez gentiment et le perroquet vous observera en penchant un peu la tête de côté pour manifester son intérêt et mieux vous écouter. S'il vous répond doucement, parfait, ce sera un oiseau enclin à siffler et à parler. S'il crie plus fort que vous, attention, ce peut être un oiseau un peu bruyant!

Conseils

- Évitez l'oiseau qui se précipite paniqué à l'autre bout de la cage.
- Évitez aussi l'oiseau trop amorphe et indifférent, il est peut-être malade.
- Si l'oiseau est déjà apprivoisé, demandez à le prendre sur votre doigt. Évitez l'oiseau qui mord avec vigueur. Par contre, sachez que

tous les bébés perroquets mordillent un peu ; c'est normal, ils explorent leur milieu.
- Prévoyez plusieurs visites à différentes heures de la journée pour bien connaître votre oiseau avant de l'acheter.

L'examen vétérinaire

Malgré toute votre bonne volonté, certains défauts ou problèmes peuvent vous échapper et il est important de demander, lors de l'achat, la permission de faire examiner l'oiseau (à vos frais) par un vétérinaire. La plupart des boutiques d'animaux ou des éleveurs accepteront — pourvu que l'examen se fasse dans un délai de 24 à 48 heures après l'achat — et ils remplaceront l'oiseau ou le feront traiter, si un problème est alors détecté. Cela vaut le coup, compte tenu de l'investissement pécuniaire et affectif lié à la possession d'un perroquet.

Malheureusement, certaines maladies ne sont détectables qu'après plusieurs jours d'incubation. Toutefois, un bon vétérinaire pourra vous mettre en garde s'il remarque certains symptômes (maigreur, déshydratation, pâleur des muqueuses, difficultés respiratoires) et vous recommander les examens complémentaires adéquats.

Plusieurs tests (parasitologie, culture de selles, prise de sang, radiographie) pourraient aider à préciser l'état de santé de votre futur oiseau. Cela représente un investissement supplémentaire, mais utile.

Voici en détail ce qui vous est généralement proposé dans une clinique spécialisée. Cependant, selon le vétérinaire, le milieu, la période, les examens pourront grandement varier. Assurez-vous que votre vétérinaire est compétent en médecine aviaire et que ses connaissances sont à jour.

Le Test Nouvel Oiseau I comprend :

- examen physique
- hématologie
- biochimie standard

- radiographie
- coprologie
- sérologie pour la chlamydiose

Le Test Nouvel Oiseau II comprend:

Tous les tests du Nouvel Oiseau I, plus
- culture des choanes et
- culture des selles

Test plus complet et essentiel si votre oiseau démontre des signes de maladie ou si le TNO-I est anormal.

Examen physique	Permet d'identifier les problèmes, d'infirmer ou de confirmer la présence de pathologies. C'est en fait l'examen de base essentiel pour interpréter les autres résultats.
Hématologie	Donne, entre autres, le nombre de globules blancs dans le sang. Leur quantité augmente en cas d'infection. Permet aussi de savoir si votre oiseau souffre d'anémie ou s'il a des parasites sanguins, etc.
Biochimie	Donne l'état des organes internes et permet de mesurer les enzymes du foie, des reins, des muscles, le glucose sanguin, le calcium, etc. C'est un test précieux pour détecter de nombreuses maladies à temps.
Radiographie	Évalue les os, le volume des organes et les relations entre les organes.

Coprologie	Détermine la présence ou l'absence de parasites intestinaux.
Sérologie de la chlamydiose (psittacose)	Détecte la présence d'anticorps grâce à un titrage obtenu par dilution. Notez que cette maladie peut être transmise à l'humain et est contagieuse entre oiseaux.
Culture des choanes	Identifie la flore bactérienne du système respiratoire (normale ou pathogène). Un antibiogramme est aussi effectué pour déterminer la sensibilité ou la résistance de ces bactéries aux antibiotiques.
Culture des selles (fientes)	Identifie la flore bactérienne du système digestif (normale ou pathogène).

Conseils

- Si un vendeur refuse l'examen vétérinaire, n'achetez pas l'oiseau. De toute façon, l'examen est à vos frais, alors si son oiseau est en santé, que risque-t-il ?
- Consultez toujours un vétérinaire qui a de bonnes connaissances en médecine aviaire (médecine des oiseaux), très différente de celles des chiens ou des chats.
- Profitez de votre visite pour faire donner les soins de base (coupe de plumes et de griffes) à votre oiseau et pour prendre des conseils sur son alimentation et son entretien.

Comment savoir si votre perroquet est réellement né en captivité ?

Dans certaines boutiques d'animaux, les vendeurs affirment que tous leurs perroquets sont nés chez un éleveur et âgés d'au plus six mois. Méfiez-vous, surtout si les prix de ces oiseaux sont en deçà des prix courants. Un perroquet né en captivité doit nécessairement se vendre plus cher que celui qui a été capturé et ce, pour les raisons suivantes :

- Il est exempt de maladies tropicales contagieuses.
- Les éleveurs ont des frais considérables : sexage, achat et entretien des parents, souvent pendant plusieurs années.
- Le bébé perroquet aura le plus souvent été nourri à la main par l'éleveur (c'est-à-dire séparé de ses parents à l'âge de quelques jours à quelques semaines, puis alimenté à la cuillère, à la seringue ou avec un tube), ce qui représente un travail énorme.
- Il est le meilleur compagnon dont vous pouvez rêver. Il est calme, habitué à l'humain, affectueux et déjà apprivoisé.

Conseils

- Si possible, achetez directement de l'éleveur. Demandez à visiter les installations et à voir les parents, et exigez un certificat de naissance.
- Si vous achetez votre perroquet dans un magasin d'animaux, essayez d'obtenir des renseignements et des documents confirmant le lieu et la date de naissance du perroquet et indiquant le nom de l'éleveur.
- Si votre oiseau a une bague, ce peut être une indication précieuse. Toutes les bagues avec une ouverture (anneau en métal rond avec une petite fente ou encore anneau en métal plat, avec une sorte de vis pointue) ont été posées pendant la quarantaine. Donc, l'oiseau n'est pas né dans votre pays, mais a été importé. Un oiseau né en captivité dans votre pays aura une bague sans ouverture (elle a été

placée sur la patte de l'oiseau naissant), avec une inscription indiquant l'année de naissance et le numéro de code de l'éleveur.

Plusieurs perroquets n'ont pas de bague. Pourquoi?

- Le propriétaire précédent ou la boutique d'animaux a enlevé la bague. (Nous recommandons d'ailleurs d'enlever les bagues dès que possible après l'achat.) Si la bague a été enlevée par un autre propriétaire, cela ne signifie rien, sinon que vous avez un oiseau « usagé », ce qui ne veut pas dire que ce ne soit pas un bon achat. En effet, certaines personnes ne sont pas capables de vivre avec un perroquet et doivent s'en départir. Si la bague a été enlevée à la boutique d'animaux, c'est mauvais signe, parce que les oiseaux bagués sont plus faciles à vendre… Donc, à moins que la bague ne blesse l'oiseau, en général, le responsable ne l'enlève pas.
- L'oiseau est né chez un petit éleveur qui ne possède pas de bague. Il peut alors être un bon achat.
- L'oiseau a été passé « en fraude », c'est-à-dire caché aux douaniers, et il a évité ainsi la quarantaine. Il peut être porteur de maladies dangereuses pour vous et pour la volaille de votre pays. N'encouragez pas le marché noir. Étonnamment, on peut soustraire à l'attention des douaniers même les plus gros perroquets, comme les Aras. L'imagination des contrebandiers est sans fin: certains droguent l'oiseau et le cachent sur eux ou dans une valise; d'autres déclarent importer deux perroquets alors qu'il y en a trois dans la cage; les plus audacieux déclarent transporter des pigeons et passent tranquillement la douane avec des perroquets! Certaines personnes seraient bien en peine de différencier une poule de fantaisie d'un Amazone.
- Un perroquet né en captivité et bien alimenté est le plus souvent calme, porté vers les gens et a un plumage lisse et brillant. La quarantaine, quoique indispensable pour les perroquets importés, est un lourd stress pour l'oiseau, stress qui ternit et abîme le plumage de la plupart des perroquets.

Les premiers jours après l'achat

Vous avez enfin fait le grand saut : vous avez acheté un perroquet! Attention, les premiers jours de sa vie avec vous sont critiques. Cet oiseau impressionnant qui vous regarde du coin de l'œil dans sa cage et observe tous et chacun est profondément intelligent et sensible et sera marqué par tous les événements qui affecteront son environnement. Laissez à votre perroquet le temps de s'adapter. Remettez à plus tard les changements alimentaires et surveillez-le étroitement.

Si votre oiseau a une alimentation déséquilibrée, ce n'est pas le moment d'y apporter des améliorations trop draconiennes. Vous devez quitter les lieux de l'achat avec un échantillon de graines, moulée ou peu importe ce que mange votre futur ami, pour pourvoir à ses besoins pendant une à deux semaines. Ensuite, vous verrez à mieux le nourrir. Comme nous l'avons suggéré précédemment, n'achetez pas un bébé perroquet non sevré à moins d'avoir de l'expérience en ce domaine. Dès l'achat, prenez un rendez-vous avec un vétérinaire compétent en médecine aviaire pour faire examiner votre nouvel oiseau.

L'anatomie du perroquet

Certains termes anatomiques sont particuliers aux oiseaux et peuvent être déconcertants pour le néophyte. Les deux schémas suivants peuvent vous aider à mieux comprendre votre perroquet.

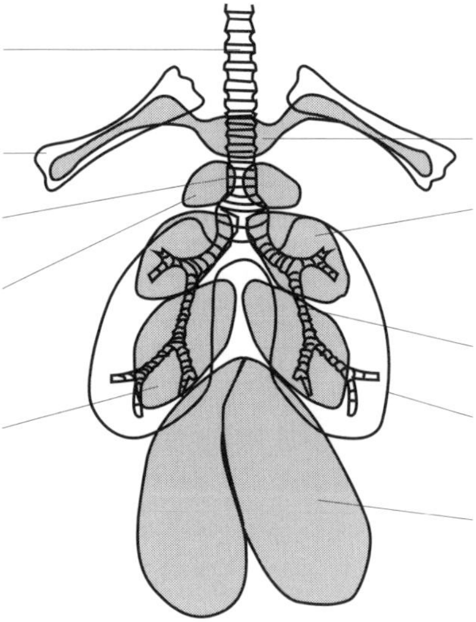

Schéma du système respiratoire de l'oiseau montrant la relation entre les poumons, les sacs aériens et une partie des os creux

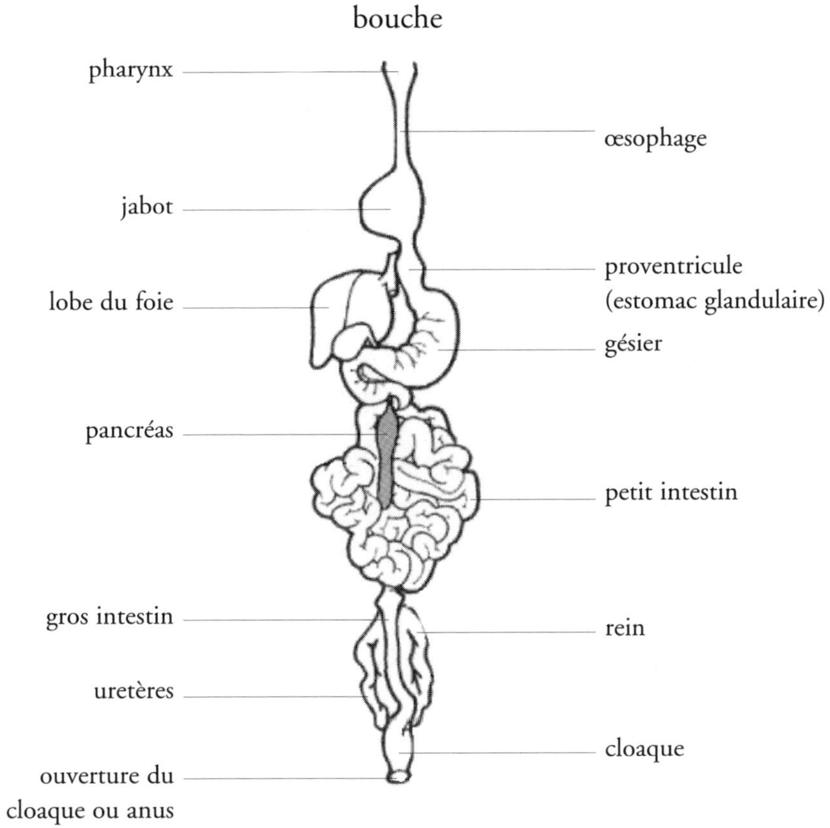

Schéma du système digestif et urinaire

L'alimentation

Une bonne alimentation est la clé d'une bonne santé. Cela est spécialement vrai pour les oiseaux puisqu'ils ont un métabolisme très rapide: un perroquet peut littéralement «mourir de faim» en 48 heures lorsqu'il est privé de nourriture! Vous n'avez pas, bien sûr, l'intention d'affamer votre oiseau, mais sachez qu'une alimentation déséquilibrée demeure la principale cause de maladie et de décès chez les perroquets vivant en captivité.

Que doit donc manger votre perroquet pour vivre les nombreuses années que la nature lui alloue? Une règle d'or très simple s'applique:

Offrez à l'oiseau des graines ou de la moulée de bonne qualité
Qui, du régime alimentaire total, représentent moitié
Ajoutez un quart de fruits et de légumes variés
Et oui, pourquoi pas? un quart de votre assiettée!

Très simple, trop simple? Voyons donc cette règle en détail...

Les graines

Tous les perroquets, à l'exception des Loris, sont principalement granivores. Une partie importante de leur régime alimentaire se compose donc de graminées. Mais, attention, pas n'importe quelles graines et, surtout, ne capitulez pas devant un oiseau qui ne mange que du tournesol ou qui refuse tout sauf les arachides!

Un bon mélange pour votre oiseau doit contenir au moins cinq sortes de graines. Parmi les graines les plus appréciées, citons : le tournesol, le maïs, l'arachide, l'avoine, la citrouille, le sarrasin, le millet... De préférence, votre mélange devrait aussi contenir des fruits séchés comme des dattes et des raisins, des légumes à haute teneur en vitamine A comme des piments rouges et des suppléments vitaminés. Évitez les mélanges ne contenant que deux ou trois variétés. Contrairement à une certaine croyance populaire, les animaux domestiques ne savent pas instinctivement ce qui est bon pour eux. Tel un enfant qui se gave de sucreries, votre perroquet peut développer une préférence pour une ou deux sortes de graines, ce qui, à long terme, lui causera non pas des caries, puisqu'il n'a pas de dents, mais plusieurs autres problèmes bien plus graves : problèmes de foie, de cœur, d'embonpoint... Lorsque votre oiseau aura épuisé les graines de tournesol, le maïs et les arachides — ses aliments préférés —, il mangera sans doute un autre bon mélange.

Les mélanges « vitaminés » sont de meilleure qualité mais plus chers, il va sans dire. Cependant, les vitamines ont été ajoutées à l'extérieur des graines, et le perroquet ne mange que l'intérieur. Au cours de l'ouverture de la graine, l'oiseau absorbe une certaine quantité de vitamines, mais cela ne lui suffit pas. Il est donc nécessaire de rajouter des vitamines sous une autre forme. Par ailleurs, il n'existe pas de mélange de graines « complet » (malgré l'inscription du fabricant !), c'est-à-dire qui peut être offert à long terme comme seul aliment sans entraîner des déficiences nutritives.

Conseils

- Vous devez changer les graines tous les jours ou, à tout le moins, éliminer les écailles ouvertes qui s'accumulent dans l'auget. Sinon, vous pourriez penser que l'oiseau a encore de la nourriture à sa disposition alors qu'il ne lui reste que des graines évidées. Certains oiseaux ne vont pas fouiller jusqu'au fond de l'auget et peuvent mourir de faim.

- De préférence, conservez la nourriture au réfrigérateur dans un pot hermétiquement clos. La plupart des mélanges de graines ne contenant pas d'insecticides (qui pourraient nuire à la santé de votre oiseau), par temps chaud, il peut s'y développer de petits parasites sous forme de vers à l'état larvaire qui se transforment plus tard en papillons. Ces parasites ne sont pas dangereux pour votre perroquet, mais ils peuvent rapidement devenir envahissants dans votre maison.
- Remuez le mélange et sentez-le. Si le nez vous pique, si vous éternuez, c'est parce que la nourriture est trop poussiéreuse ou qu'elle contient trop de piments. Le système respiratoire de l'oiseau est beaucoup plus sensible que le nôtre aux irritants et un tel mélange peut causer des dommages sévères.
- Un mélange couvert de mousse blanchâtre est contaminé par des moisissures qui peuvent être mortelles pour votre perroquet. Soyez attentif!
- Les graines de tournesol et les arachides sont très riches en cholestérol et en gras. Un abus peut conduire à des problèmes de « foie gras » ; elles ne devraient jamais être offertes comme unique aliment. En règle générale, les graines de tournesol noires sont les plus riches en gras ; choisissez plutôt les graines rayées. Les arachides vendues pour consommation humaine sont plus fraîches et moins souvent contaminées par des champignons (alfatoxine) ; ce devrait être votre choix.
- Il est préférable d'acheter un mélange commercial pour perroquets. Tenter de fabriquer vous-même un mélange à partir de graines en vrac n'est pas conseillé : cela peut donner un aliment déséquilibré.

Les moulées

Depuis quelques années, on trouve sur le marché des moulées pour les perroquets et autres oiseaux. Elles ressemblent aux moulées pour rongeurs (petits grains de forme cylindrique, ronde ou carrée) et sont de couleurs variées. Certaines de ces moulées sont complètes, c'est-à-dire que chaque bouchée consommée par l'oiseau contient tous les éléments nutritifs indispensables à sa santé ; elles peuvent donc être offertes comme unique aliment. Nul besoin alors de vitamines, de minéraux, de nourriture de table, etc. Mais attention… Toutes les moulées ne sont pas de qualité égale et certaines se sont même révélées extrêmement toxiques après quelques mois de consommation, car leur contenu était mal équilibré. Le principal inconvénient de la moulée demeure le refus des oiseaux de la consommer s'ils n'ont pas été habitués jeunes à ce menu. Un perroquet peut être têtu et se laisser dépérir s'il n'aime pas sa nourriture. Vous devez essayer de diminuer graduellement la quantité de graines tout en y mélangeant une quantité de plus en plus grande de moulée. Mais assurez-vous qu'il consomme vraiment la moulée avant d'éliminer les graines. Dans le futur, nous croyons que la moulée sera l'aliment de choix pour tous les oiseaux et remplacera les graines.

Conseils

- Utilisez uniquement une moulée recommandée par les vétérinaires et les aviculteurs (éleveurs d'oiseaux) de votre région. Procurez-vous la liste des aliments contenus dans la moulée, ainsi que sa teneur en vitamines et en minéraux. Si le fabricant ne peut vous fournir cette liste, évitez cette moulée.
- Offrez tout de même à votre perroquet une petite quantité de fruits et de légumes frais tous les jours pour varier son menu et l'occuper.
- Certaines moulées sont spécialement préparées pour les oiseaux en période de reproduction, de croissance ou de stress. Utilisez-les si

nécessaire, car un excès d'éléments nutritifs peut être aussi nocif qu'une carence.

- L'achat d'un oiseau déjà nourri avec une moulée équilibrée est à considérer. N'offrez pas de graines à cet oiseau, sinon il délaissera la moulée.
- La moulée est spécialement indiquée pour le perroquet qui se montre récalcitrant à la nouveauté et refuse toute nourriture de table.
- Ne capitulez pas si votre perroquet refuse la moulée une première fois. Attendez deux semaines environ et recommencez à lui offrir moulée et graines en mélange. Au moins 70 p. 100 des oiseaux devraient se convertir à la moulée.

Les fruits et les légumes

Les fruits et les légumes frais sont une excellente source de vitamines et devraient être offerts quotidiennement à votre oiseau. Les fientes d'un perroquet qui mange beaucoup de verdure ont une consistance plus liquide que celles d'un perroquet consommant uniquement des graines, mais cela ne devrait pas être considéré comme de la diarrhée.

Certains fruits et légumes ont une valeur alimentaire supérieure à d'autres. La laitue Iceberg *(Briava americana)* n'est pas recommandée, non pas parce qu'elle peut déclencher la diarrhée, mais parce qu'elle n'apporte que peu ou pas d'éléments nutritifs réels: elle contient de l'eau et des fibres, c'est presque tout. Par contre, les autres légumes verts, rouges et orangés sont une excellente source de vitamine A (présente en quantité très insuffisante dans les graines).

Pour les légumes, nous recommandons: les épinards, le brocoli, le poivron, le chou, les carottes, la luzerne, le chou chinois, la chicorée, le cresson, la mâche et plusieurs autres. Les légumes vert foncé et feuillus sont spécialement riches en vitamines A.

À éviter : l'avocat (certaines variétés sont toxiques), les feuilles de betterave, les pommes de terre non cuites (probablement toxiques… mais qui voudrait risquer la vie de son perroquet pour le vérifier ?).

Pour les fruits, nous recommandons : les pommes, les oranges, les poires, les prunes, les raisins, les bananes, les melons, les baies (bleuets, fraises, framboises) et les fruits tropicaux.

À éviter : Les noyaux de tous les fruits.

Attention : Certains perroquets digèrent difficilement les fruits acides comme les pommes vertes ou les agrumes ; ne les offrez qu'en petites quantités et évitez-les si votre oiseau régurgite.

Conseils

- Lavez soigneusement tous les fruits et les légumes avant de les présenter à l'oiseau pour les débarrasser des insecticides, des bactéries et des moisissures qui pourraient s'y trouver.
- N'offrez pas à votre perroquet des aliments que vous ne consommeriez pas vous-même, tels que des légumes avariés ou fanés, des fruits piqués par les vers, etc.
- Il est normal que votre perroquet déchiquette en petits morceaux les aliments d'origine végétale que vous lui offrez et qu'il semble en gaspiller plus qu'il n'en avale. Ne vous découragez pas, il absorbe tout de même une certaine quantité d'éléments nutritifs et, en plus, cela l'occupe et l'amuse.
- On peut aussi proposer à l'oiseau des fruits et des légumes séchés, cuits ou en conserve. Leur valeur alimentaire est moins élevée que celle des aliments frais. Cependant, pour certains oiseaux capricieux qui refusent les aliments trop mous ou trop durs, ils peuvent être utiles, voire indispensables.

- Certains aliments colorent les fientes parce qu'ils contiennent beaucoup de pigments. Par exemple, un perroquet qui a mangé des betteraves ou des fraises aura des selles rouges pendant quelques heures… c'est normal!

La nourriture de table

Partager votre repas avec votre perroquet demeure une excellente façon de varier son menu. Ce qui est bon pour vous est bon pour votre oiseau. Pensez-y en termes de valeur alimentaire et non de préférence personnelle! Votre perroquet peut ainsi avoir une partie de votre pizza végétarienne, d'un macaroni au fromage et aussi d'un bon poulet bien cuit, mais évitez l'alcool, les sucreries, le gras et les mets trop épicés. Dans la nature, le perroquet consomme non seulement des graines, mais aussi une petite part de protéines animales sous forme de vers et d'insectes. En captivité, la viande cuite peut lui fournir un apport nutritif supplémentaire. Les œufs et les produits laitiers sont une excellente source de protéines animales et de calcium. Mais attention à l'embonpoint et aux problèmes de foie: on ne devrait pas offrir des œufs, de la viande et du fromage plus de deux fois par semaine, sauf dans le cas d'une femelle pondeuse. La plupart des perroquets digèrent mal le lait. En fait, ils sont incapables de digérer le lactose (le sucre présent dans le lait). Le yaourt et le fromage sont pauvres en lactose et peuvent être offerts sans crainte.

Conseils

- Ne nourrissez pas votre perroquet directement de votre bouche ou avec des aliments qui ont été en contact avec votre salive. Vous pouvez en effet transmettre de cette façon certaines maladies à votre oiseau et vice versa. Plusieurs perroquets ne consomment de la nourriture de table que dans votre assiette. Cette fâcheuse habitude, qui peut faire fuir les amis dégoûtés, ne doit pas être encouragée. Essayez d'habituer votre oiseau à manger dans une soucoupe près de vous.

- Le chocolat, les mets trop gras, trop sucrés ou trop salés devraient être bannis du régime alimentaire du perroquet.
- Si votre oiseau souffre d'embonpoint (cas fréquent chez les Amazones), évitez les pâtes, les pommes de terre, les biscuits, le pain et les autres féculents. Le pain appartient au même groupe alimentaire que les graines et, même s'il peut être offert quotidiennement à l'oiseau, il ne remplace pas pour autant les autres éléments nutritifs dont il a besoin. Choisissez de préférence le pain de blé entier au pain blanc ou au pain croûté, car sa valeur alimentaire est supérieure.
- Mettez la nourriture de table dans un auget différent de celui où vous mettez les graines. En effet, les graines se conservent plus longtemps, tandis que les autres aliments doivent être enlevés et jetés après quelques heures, s'ils ne sont pas consommés.
- Le perroquet apprécie aussi beaucoup les biscottes et les biscuits secs. Vous pouvez lui en offrir sans problème en choisissant des produits non salés, faibles en gras saturé et riches en fibres.
- Que ce soit pour les humains ou pour les oiseaux, il existe de plus en plus d'aliments « santé » : exempts de gras, de pesticides, d'additifs, etc. Ils sont dits « naturels » ou « biologiques » et ils sont excellents pour votre perroquet s'ils sont de bonne qualité.

Les liquides

Même si sa consommation de liquides est minime (10 à 15 ml par jour, pour un Amazone), un perroquet ne peut survivre sans eau. Un oiseau qui ne consomme que de la moulée ou des graines boit plus que celui qui consomme beaucoup d'aliments riches en eau, tels les fruits et les légumes. C'est normal.

L'eau devrait toujours être fraîche, propre et facile d'accès pour l'oiseau.

Conseils

- Avant de remplir l'auget avec l'eau du robinet, faites couler celle-ci pendant deux ou trois minutes afin d'éliminer les bactéries qui peuvent se développer dans la tuyauterie, ainsi que l'excès de minéraux. L'eau purifiée reste cependant préférable.
- L'eau minéralisée peut, à long terme, entraîner des problèmes de santé. Elle contient, entre autres, du plomb et de l'arsenic en quantité négligeable pour nous, mais qui peut être toxique pour le perroquet. Par contre, l'eau de source est sans danger si elle ne contient ni plomb ni arsenic. (Vérifiez l'étiquette.)
- Vous pouvez aussi offrir à l'oiseau des jus de fruits et de légumes. Certains perroquets les adorent, et c'est une bonne source de vitamines.
- Le café, le thé et l'alcool sont à éviter absolument. Malgré ce que vous diront certains animaliers, en cas de maladie, une rasade de cognac ne guérira pas votre perroquet… pas plus que vous!
- Le perroquet digère mal le lait et il vaut mieux l'éviter ou ne lui en donner qu'en petite quantité.

Les suppléments de vitamines et de minéraux

À l'exception des oiseaux nourris avec une moulée équilibrée, tous les perroquets ont besoin de vitamines et de minéraux additionnels, peu importe la variété de leur menu. Il existe une foule de produits et choisir les meilleurs n'est pas facile. Voici quelques pistes.

Conseils

- Recherchez des suppléments à composantes multiples. Par exemple, même si la vitamine B_{12} est nécessaire, elle n'est pas la seule! Mélanger trois ou quatre produits les rend souvent moins efficaces et demande beaucoup de temps.
- Dans les graines, les vitamines et les minéraux qui manquent le plus sont les vitamines A, B_{12}, C, D_3 et K, ainsi que le calcium, le zinc et l'iode. Ils devraient être inclus dans le supplément choisi.
- Achetez un produit dont l'emballage mentionne la quantité exacte de ses différentes composantes. Si l'étiquette dit simplement « supplément vitaminé », ou bien le fabricant ne sait même pas ce que contient exactement son produit, ou bien il préfère ne pas inscrire sa composition et on peut soupçonner qu'il est de piètre qualité.
- On peut ajouter les suppléments à l'eau, aux graines ou à la nourriture préférée de l'oiseau. (Cependant, il semble que les suppléments ajoutés à l'eau seraient moins efficaces.) Toutes ces options sont valables. Choisissez celle qui incitera votre perroquet à en consommer une plus grande quantité. Par exemple, si votre perroquet refuse tout sauf les graines, ajoutez les suppléments dans l'eau, puisqu'il ne peut pas se passer de boire. S'il consomme facilement les fruits, donnez-lui les vitamines et les minéraux avec un morceau de pomme ou de raisin.
- Les suppléments de minéraux, quoique souvent négligés, sont aussi importants que les suppléments de vitamines. Le perroquet Gris d'Afrique est particulièrement prédisposé à développer des réactions secondaires à une carence en calcium et l'apport en minéraux de son régime alimentaire devrait être élevé.

Le gravier

Le gravier demeure un produit controversé. Jusqu'à tout récemment, nos connaissances sur les perroquets reposaient sur celles que nous avions des poules ! Or, même s'il est vrai que les poules et les pigeons, qui avalent leurs graines sans les broyer, digèrent mieux grâce à l'apport de gravier, votre perroquet, lui, décortique les graines avant de les avaler, ce qui est très différent. Nous avons même vu récemment (depuis que nos moyens de diagnostic se sont améliorés) de nombreux cas de blocage intestinal causés par une surconsommation de gravier. Cet accident est souvent fatal pour l'oiseau.

À ce propos, l'Association of Avian Veterinarians (AAV), une association internationale regroupant des centaines de vétérinaires et d'autres intervenants travaillant auprès des oiseaux de compagnie (et non des poules !), recommande officiellement de ne pas utiliser de gravier ou, à tout le moins, de n'en donner qu'une quantité limitée. Devant tant d'avis divergents, nous déconseillons, pour des raisons médicales, l'utilisation du gravier. En fait, nous avons vu plus d'oiseaux malades parce qu'ils ont surconsommé du gravier (vérifiable avec les rayons X) que d'oiseaux ayant peut-être manqué de gravier (invérifiable !). De plus en plus de fabricants ont remplacé le gravier ordinaire (petites roches non digestibles) par un mélange de sable et d'écailles d'huîtres.

Les écailles d'huîtres ou d'autres coquillages

Parfois appelées « gravier anisé » ou « gravier marin » par certains manufacturiers, elles sont d'excellentes sources de calcium. Elles peuvent aider à la digestion sans conduire à des blocages, puisqu'elles sont rapidement digérées par l'organisme. Le perroquet Gris d'Afrique est plus enclin aux carences en calcium et il serait bon de lui en fournir régulièrement.

Ne déposez pas les écailles, les suppléments de calcium ni d'autres aliments dans le fond de la cage. Considérez le fond de la cage comme les toilettes de l'oiseau. Vous ne voudriez surtout pas qu'il y consomme des aliments contaminés ! Vous pouvez servir les écailles d'huîtres dans un auget spécialement réservé à cette fin ou encore en saupoudrer tous les jours une pincée sur ses graines.

Divers (sucreries, nourriture spéciale, médicaments, charbon, os de seiche)

Dans les boutiques d'animaux, la section des articles pour perroquet est un impressionnant mélange du meilleur et du pire. Vous pouvez y trouver des antibiotiques, des barbituriques, des produits anti-picage (souvent à base d'ingrédients toxiques), des graines de bonne et de moins bonne qualité (n'oubliez pas que vous en avez souvent « pour votre argent »), des jouets, des suppléments et combien d'autres choses !

Certains de ces produits sont d'une utilité réelle, mais d'autres sont superflus et même carrément dangereux. N'oubliez pas que la mise en marché ou la publicité qui entoure un produit ne garantit pas qu'il est utile et non toxique…

Conseils

- Offrir à votre perroquet des sucreries (bâton au miel, gâteau, cloche au miel) occasionnellement ne lui causera aucun tort, mais n'abusez pas. Une fois toutes les deux à quatre semaines, c'est suffisant.
- Le bec d'un perroquet en santé s'use de façon normale par les simples va-et-vient qu'il fait pour se nourrir, se nettoyer et vocaliser. Les pierres volcaniques, les os de seiche et les blocs minéraux ne sont pas essentiels pour le bec. Cependant, les blocs minéraux sont une bonne source de calcium pour l'organisme. L'os de seiche est aussi très riche en calcium, mais ne résiste pas plus de 30 minutes à la majorité des perroquets. Ils en font de la charpie ! Les pierres volcaniques, quant à elles, sont à éviter parce qu'elles ressemblent à du gravier.

- Les antibiotiques, les produits anti-picage, les vermifuges et divers autres médicaments offerts au magasin sont à éviter absolument. Traiter un être humain est déjà difficile, même s'il peut expliquer ses malaises et identifier la source du mal ; traiter un oiseau, maître dans l'art de cacher ses symptômes et, en plus, muet, est uniquement du ressort du vétérinaire. Utiliser des médicaments « contre le rhume » ou « contre la diarrhée » ne fait souvent que retarder votre visite chez le vétérinaire, tandis que l'état de l'oiseau s'aggrave.
- Le charbon n'est d'aucune utilité. Il est offert sous prétexte d'absorber les toxines alimentaires, alors qu'un régime équilibré ne devrait surtout pas être toxique ! En réalité, il diminue l'absorption de plusieurs vitamines essentielles.

Le perroquet capricieux

Vous savez maintenant comment bien nourrir votre perroquet. Vous savez ce qui est bon pour lui, mais lui, le sait-il ? Malheureusement, non ! Votre perroquet refuse souvent obstinément toute nouvelle nourriture, surtout si elle est bonne pour sa santé (on jurerait qu'il le fait exprès). Si votre perroquet est capricieux, vous devez :

- Offrir un aliment qui ressemble à ce qu'il consomme déjà, par exemple du maïs frais s'il aime le maïs séché, de la luzerne fraîche ou des pousses de tournesol s'il est un adepte des graines.
- Être patient. Redonnez-lui, jour après jour, de la nourriture de table, même s'il est effrayé la première semaine, détestable la deuxième semaine (il jette toute la nourriture par terre) et indifférent la troisième semaine. Peut-être qu'enfin, après un mois, il en consommera.
- Diminuer la quantité de graines offerte. Si vous lui donnez moins de graines, il y aura plus de chances qu'il consomme d'autres aliments. Assurez-vous cependant qu'il ne maigrisse pas.

- Donner deux repas par jour. Dans les cas où le perroquet refuse systématiquement toute nourriture de table, vous aurez avantage à ne lui offrir que deux repas de graines par jour. Offrez-lui ses graines pendant deux heures le matin et deux heures le soir. Entre-temps, présentez-lui d'autres aliments variés.
- Incitez-le à partager vos repas. Le perroquet très apprivoisé peut s'intéresser à votre nourriture par simple curiosité. Encouragez-le en lui servant sa part dans une petite soucoupe placée près de vous et en lui présentant les aliments dans votre main. Par souci d'hygiène, ne le laissez pas manger directement dans votre assiette et ne lui donnez jamais d'aliments directement de votre bouche.
- Faites preuve d'imagination : offrez les aliments sous différentes formes (en entier, en languettes, en rondelles, râpés, en brochettes, etc.). Suspendez-les, présentez-les entre les barreaux de sa cage, dans un auget, dans une soucoupe, avec un jouet, etc.
- Le perroquet adore imiter ; s'il voit d'autres oiseaux consommer de la nourriture de table, il sera certainement tenté lui aussi.
- Enfin, il serait préférable que le perroquet capricieux ait comme alimentation de base une moulée équilibrée.

Le toilettage

Non, ce n'est pas une plaisanterie! Votre oiseau aura besoin de toilettage. En effet, votre ami à plumes, tout comme les chiens et les chats, doit recevoir certains soins de beauté, qui sont aussi très souvent des soins de santé. À meilleure mine, meilleure santé!

Nous discuterons ici de la taille des plumes et des griffes, de la coupe du bec et de la bague, ainsi que du bain, de la douche et des soins du plumage. On peut réaliser certaines de ces interventions à la maison, comme l'entretien du plumage grâce au bain ou à la douche, alors que d'autres, comme la taille des griffes, seront faites de façon plus sécuritaire et plus adéquate par le personnel entraîné d'une animalerie reconnue, par un éleveur ou par un vétérinaire compétent.

La taille des plumes

Il existe plusieurs excellentes raisons de tailler les plumes d'un oiseau et ce ne devrait pas être considéré comme une opération cruelle. La majorité des perroquets ne développent aucune frustration à la suite de la coupe et s'acclimatent très bien de ne plus pouvoir voler. En fait, un gros perroquet, contrairement aux plus petits oiseaux, se déplace peu en volant et choisira souvent de lui-même de marcher d'un point à un autre.

Sectionner les plumes d'un oiseau est une opération indolore et très simple, si elle est faite par une personne compétente sachant ne couper que les plumes adultes. Les plumes coupées ne repousseront pas. Elles vont tomber à la prochaine mue et les nouvelles plumes qui les remplaceront seront, bien sûr, entières. Normalement, un perroquet mue une ou deux fois par année (voir le paragraphe sur la mue à la p. 112).

Vérifiez donc toujours les ailes de votre oiseau avant de l'amener à l'extérieur pour vous assurer qu'il ne peut vraiment plus voler. Trop de perroquets se perdent ou sont victimes d'accidents parce que les plumes taillées ont été remplacées par des nouvelles sans que le propriétaire s'en aperçoive.

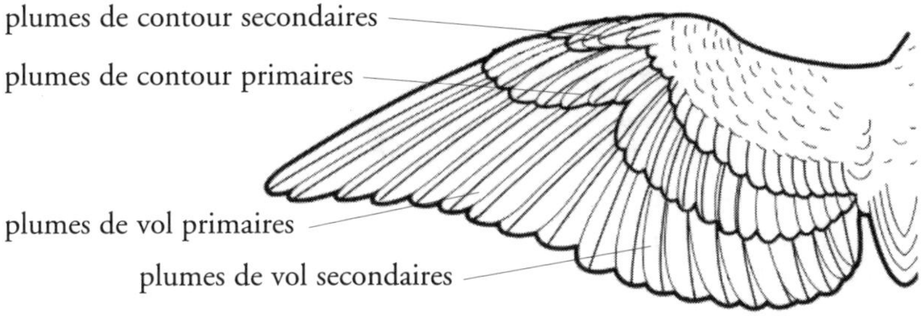

Avant la coupe

Pendant la coupe

Après la coupe

La seule précaution à prendre est de laisser à l'oiseau le temps de comprendre qu'il ne peut plus voler. Pour ce faire, les premières fois qu'il sortira après la taille, déposez la cage à une hauteur moindre pour éviter les chutes dangereuses et les blessures.

Pourquoi tailler les ailes ?

L'apprivoisement

Un perroquet peu ou pas apprivoisé n'a d'autre désir que d'échapper à ce qui l'effraie... vous, en l'occurrence. S'il peut voler, vous passerez probablement de longues minutes à courir derrière lui à travers la pièce pour finalement l'abandonner juché sur la plus haute étagère ou le plafonnier en attendant qu'il daigne revenir dans sa cage !

Pour les sportifs qui ne capitulent pas et qui considèrent l'apprivoisement comme une discipline olympique, sachez que vous réussirez probablement à épuiser votre oiseau en le pourchassant au point qu'il ne puisse plus s'envoler, mais vous risquez alors de nuire à sa santé et à votre relation d'amitié future.

Tailler les ailes facilite donc beaucoup le dressage. Le perroquet non apprivoisé qui ne vole plus tentera quand même de s'éloigner de vous, mais il tombera au sol. Il aura alors le choix entre deux perspectives désagréables pour lui : rester au sol (les oiseaux détestent « être en bas »), ou monter sur la perche ou le bras que vous lui tendez.

La majorité d'entre eux choisiront la deuxième option (peut-être pas, bien sûr, au premier essai), et vous aurez franchi un grand pas sur la longue route que vous avez à parcourir pour l'apprivoiser.

La sécurité de l'oiseau

Malheureusement, accidents et empoisonnements sont extrêmement fréquents chez le perroquet « volant ». Aile cassée, patte fracturée, chute dans l'eau de vaisselle ou la sauce à spaghetti, brûlure sur la cuisinière, nuque brisée en fonçant sur un miroir ou un carreau de la fenêtre ne sont que quelques exemples des myriades d'accidents qui peuvent arriver à votre oiseau. Il risque aussi de se poser sur une plante et d'en avaler un morceau ou de grignoter la peinture d'un cadre et, ainsi, de s'empoisonner. De plus, il peut facilement s'échapper par une porte ou une fenêtre ouverte.

Sauver les meubles

Certains perroquets, surtout les Amazones, les Aras et certains Cacatoès, sont de véritables démolisseurs. Laissez-les seuls quelques minutes et vous pouvez être certain qu'ils auront détruit quelque chose (de préférence, votre unique paire de lunettes ou votre édition rare des œuvres de Proust!). À moins que vous n'envisagiez de changer votre mobilier tous les mois, une taille d'ailes est la seule solution.

En résumé, nous recommandons la taille des ailes pour:

- tous les perroquets nerveux qui pourraient se blesser en réagissant trop brusquement;
- les perroquets vivant dans un environnement à haut risque (par exemple: cuisine, pièce chargée de bibelots ou de plantes suspendues, chambre avec un ventilateur au plafond);
- les perroquets difficiles à apprivoiser ou ceux qui, une fois leurs ailes renouvelées, deviennent plus farouches et indépendants;
- tous les perroquets destructeurs ou dangereux (certains perroquets «attaquent» les gens qu'ils n'aiment pas).

Mais nous suggérons de bien considérer aussi les inconvénients de la coupe d'ailes dans les cas où:

- votre oiseau souffre d'embonpoint (le vol est un excellent exercice);
- votre perroquet est un Gris d'Afrique adulte. En effet, certains d'entre eux ne supportent pas d'avoir les ailes taillées et s'automutilent lorsque cela leur arrive;

- votre oiseau aime vraiment voler, c'est-à-dire qu'il vole souvent « pour le plaisir », sans but précis, juste pour se dégourdir ;
- votre perroquet peut avoir besoin de voler pour échapper à des agresseurs, tels d'autres animaux (chats, chiens), des enfants ou encore pour échapper au balai du voisin (celui qui en a marre de l'entendre « hurler », alors que votre perroquet vocalise tout simplement) ;
- votre perroquet a des problèmes de comportement et le vol pourrait le rendre plus heureux.

En règle générale, à l'achat, la coupe des ailes est de rigueur pour favoriser l'apprivoisement. Ensuite, selon le tempérament de l'oiseau et les saisons (les portes ouvertes en été sont un risque réel), le propriétaire choisira de retailler ou non les ailes de son oiseau.

La taille des griffes

L'allongement des griffes est un phénomène continu, mais le rythme de cette croissance varie beaucoup d'un oiseau à l'autre. Les perroquets en captivité auront besoin de faire tailler leurs griffes de deux à quatre fois par an. On peut procéder à la taille dès que la longueur de la griffe dépasse le quart de cercle (voir illustration p. 63).

Pourquoi tailler les griffes ? Les griffes trop longues gênent l'oiseau lorsqu'il se perche et favorisent le développement d'arthrite ou de plaies sous les pattes, en plus de vous transpercer douloureusement la peau. De plus, le perroquet peut s'accrocher les griffes dans vos vêtements, dans ses jouets, sur ses perchoirs ou même dans les barreaux de sa cage. Un tel accident peut se compliquer d'une fracture de la patte ou d'une cassure de la griffe avec hémorragie et même entraîner le décès de l'oiseau.

Un point important : des perchoirs de différents diamètres et de textures variées tendent à accélérer l'usure naturelle des griffes en plus d'être indispensables à la santé des pattes (voir p. 73). Si les oiseaux sauvages se passent aisément de nos soins de toilettage, c'est précisé-

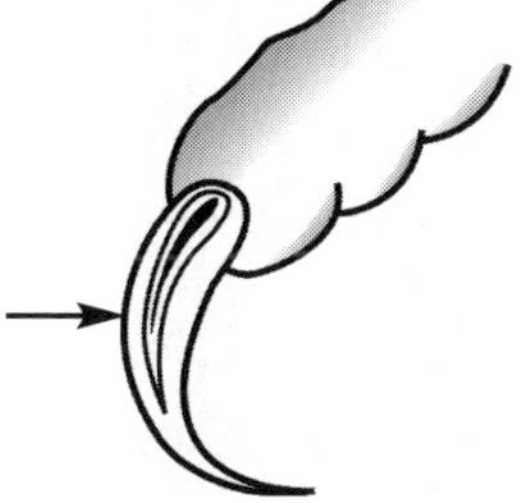

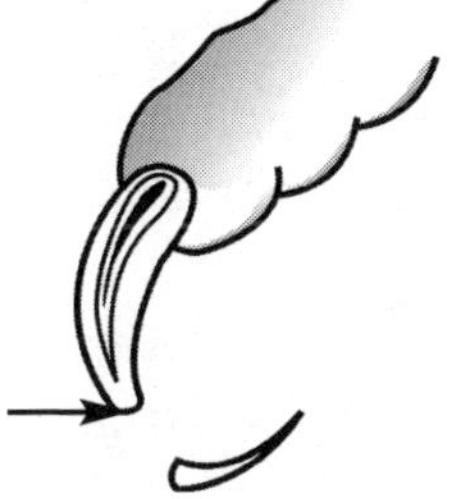

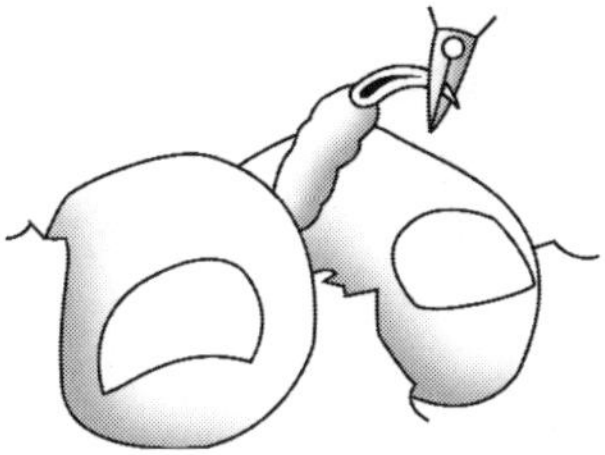

partie innervée
(donc sensible)

partie non innervée
(donc insensible)

ment à cause de la grande diversité de surfaces sur lesquelles ils se posent. La diversité des perchoirs que vous procurerez à votre oiseau permettra donc à ses griffes de s'user naturellement. Certains perroquets (à l'instar de certaines personnes) se « rongent » les ongles et ainsi n'auront jamais besoin d'une coupe de griffes.

La taille de griffes est une opération indolore si le nerf n'est pas touché (voir illustration ci-dessus).

Certains perroquets ont les griffes de couleur beige pâle, ce qui permet de voir la veine par transparence, sous forme d'une mince ligne rouge centrale. Au moment de la coupe, il est donc rare de faire saigner les griffes. Malheureusement, la majorité des perroquets ont les griffes noires et il est difficile alors de juger où couper sans déclencher de saignement. Si vous procédez vous-même à la taille, assurez-vous d'avoir un produit coagulant sous la main pour arrêter une hémorragie éventuelle. Pour la coupe elle-même, vous pouvez utiliser un coupe-ongles ou une petite pince bien coupante. Les coupe-griffes pour chien ou chat sont trop volumineux et ne permettent pas une coupe précise.

Pendant la coupe, il importe de bien maintenir l'oiseau sans le blesser ou l'étouffer tout en exerçant un excellent contrôle sur les pattes. Vous devez bien isoler chaque doigt avant d'en couper la griffe. Cette opération se pratique avec l'aide d'un assistant qui immobilise l'oiseau, tandis que vous vous concentrez sur la coupe. Attention ! Si l'oiseau bouge trop, vous pourriez lui couper le doigt ! Attention aussi à son bec ! Le perroquet n'apprécie pas la coupe de griffes et tentera certainement de vous mordre !

Coupez la griffe quelques millimètres plus loin que la pointe de la veine. Si la veine n'est pas visible, il est alors préférable de couper un petit bout de griffe à la fois (environ 2 mm) jusqu'à la longueur désirée. Soyez prudent. Si, malgré vos précautions, la griffe saigne, ne paniquez pas ! (Pour plus de détails sur les hémorragies, reportez-vous à la p. 127). En bref, vous devez maintenir une pression sur le doigt de l'oiseau, essuyer le sang et appliquer un agent coagulant sur le bout de la griffe. Ensuite, assurez-vous de remettre l'oiseau dans une cage très propre pour éviter la contamination.

Mieux vaudrait couper les griffes plus souvent afin d'éviter qu'elles saignent chaque fois. En effet, la veine s'allonge avec les griffes et des coupes fréquentes diminueront sa longueur, donc les risques de saignement. Certains vétérinaires utilisent une « polisseuse » au lieu d'un coupe-ongles. Les risques d'hémorragies sont moindres, mais le procédé est plus long et plus bruyant…

Conseils

- N'utilisez pas de papier sablé (papier d'émeri ou de verre) pour couvrir les perchoirs dans l'espoir de ralentir la vitesse de croissance des griffes. Ce matériel est inefficace et irritant pour le dessous de la patte et certains perroquets peuvent l'ingérer.
- Désinfectez votre coupe-ongles avec de l'alcool, en particulier entre deux manipulations d'oiseaux différents.
- Si vous n'avez pas de nitrate d'argent ou d'autre agent coagulant à la maison, vous pouvez appliquer de la farine ou du bicarbonate de soude au bout de la griffe.

Amazone à front bleu

Cacatoès des Moluques

Ara bleu et or

Amazone à front blanc

- Pour contrôler l'hémorragie, vous pouvez aussi presser la griffe contre un savon propre.
- Assistez à une démonstration de coupe de griffes par une personne compétente, avant de le faire vous-même.
- Certains perchoirs sont spécialement texturés pour diminuer l'allongement excessif des griffes. Ce sont de bons achats.

La coupe du bec

Il est anormal d'avoir à couper le bec d'un perroquet, sauf :

- si l'oiseau souffre d'une difformité congénitale : il a le bec tordu, en crochet ou asymétrique ;
- si l'oiseau a souffert d'une maladie respiratoire, comme une sinusite qui a laissé des séquelles permanentes ;
- si l'oiseau a déjà eu une fracture du bec ;
- s'il s'agit d'un Ara (consultez quand même un vétérinaire).

Bec normal

Bec supérieur trop long, il dépasse le bec inférieur.

Dans tous les autres cas, l'oiseau devrait être examiné par un vétérinaire. L'allongement excessif du bec peut, en effet, cacher une pathologie plus grave : maladie du foie, parasites externes ou internes, sinusite, cancer, carence en calcium et autres.

Le bec s'allongeant par dépôts successifs de corne, il est normal qu'il ne soit pas lisse et uni. Sous la couche cornée, c'est une structure hautement vascularisée (donc qui peut saigner facilement). Une coupe de bec devrait toujours être faite par un vétérinaire.

La coupe de la bague

Plusieurs perroquets ont été bagués par l'éleveur alors qu'ils n'étaient que de jeunes oisillons. Cette bague n'a d'autre utilité que d'aider l'éleveur à identifier ses oiseaux. Il s'agit alors d'une bague métallique sans aucune ouverture. D'autres perroquet sont bagués à la douane avec une bague d'importation qui confirme qu'ils ont été soumis à une quarantaine. Votre compagnon, quant à lui, n'a nul besoin de ce bracelet de métal qui peut le gêner, l'irriter et même le blesser (voir p. 67). Par conséquent, il faut le lui retirer le plus tôt possible.

Enlever cette bague nécessite une pince spéciale et beaucoup de dextérité. Certaines de ces bagues sont faites en métal extrêmement résistant. Ne tentez pas de la couper vous-même ; vous pourriez faire beaucoup plus de tort que de bien, le pire étant de casser la patte. Ayez donc recours aux services d'une personne compétente.

Souvent, la date de naissance de votre oiseau est inscrite sur la bague. Notez-la soigneusement. Un perroquet peut vivre 40 à 70 ans, et votre mémoire pourrait bien défaillir ! Certaines bagues peuvent servir d'identification si jamais vous perdiez votre oiseau à l'extérieur, mais cet avantage ne compense pas les inconvénients.

Pourquoi enlever la bague?

- Elle gêne l'oiseau et il se picote la patte.
- Elle peut être source d'accidents en restant accrochée dans un jouet ou un accessoire.
- En cas de foulure, de fracture ou d'infection de la patte avec une enflure, la bague agira comme un garrot et compressera la circulation. Dans ce cas, la pression de la bague dans la chair peut même causer la gangrène et la perte de la patte.

N'oubliez pas que l'enflure due, par exemple, à une foulure apparaît très rapidement: la bague hier assez large peut ce matin causer des dommages irréversibles à la patte.

Conseils

Si la bague est trop étroite:

- Appliquez des compresses d'eau froide sur la patte atteinte ou mettez la patte sous l'eau froide pour diminuer l'inflammation et l'enflure.
- Enroulez autour des perchoirs de l'oiseau une bonne couche d'essuie-tout pour les rendre plus confortables.
- Demandez d'urgence un rendez-vous chez votre vétérinaire. Quelques heures peuvent faire la différence et éviter l'amputation du membre blessé.
- Si vous pincez les doigts de l'oiseau et qu'il ne réagit pas, cela signifie que le nerf de la sensibilité a été atteint et trop souvent, l'oiseau perdra cette patte.

N.B. La majorité des oiseaux peuvent très bien vivre avec une patte en moins, pourvu que les perchoirs soient adaptés; perchoirs plats et perchoirs rembourrés éviteront les lésions à la patte restante.

Le bain, la douche et les soins du plumage

Votre perroquet aura bien meilleure mine s'il peut se baigner régulièrement. Le bain ou la douche sont, en fait, indispensables à la santé physique et mentale de votre oiseau. Dans la nature, d'ailleurs, tous les oiseaux aiment se baigner. Ils profitent d'une ondée, de la bruine du matin, de l'eau du ruisseau ou d'une simple flaque d'eau pour s'ébrouer et faire un brin de toilette.

À la maison, vous pouvez imiter un milieu naturel et stimulant en variant les sources d'eau pour la baignade. Chaque oiseau a ses préférences et vous découvrirez vite qu'il existe des perroquets qui ne prennent que des douches et d'autres pour qui le lavabo représente la baignoire idéale.

En règle générale

- Offrez le bain ou la douche pendant une ou deux heures le matin, après le petit-déjeuner. L'oiseau aura ainsi toute la journée pour parfaire sa toilette et il se couchera le soir bien au sec.
- Évitez les variations de température ambiante. L'oiseau mouillé y sera toujours plus sensible. Le courant d'air froid, dans une pièce chaude, peut entraîner un refroidissement fatal.
- Il n'est pas conseillé d'ajouter des produits de beauté (savon et conditionneur) à l'eau du bain ou de la douche. Cependant, certains produits naturels utilisés à petite dose peuvent augmenter la brillance du plumage de vos oiseaux. Avant de les utiliser, informez-vous auprès d'éleveurs ou de vétérinaires ou dans une animalerie réputée.
- Évitez à tout prix les insecticides et les produits médicamenteux. Beaucoup sont toxiques.
- N'utilisez jamais de corps gras ou d'huile sur le plumage d'un oiseau. Ne mettez pas d'huile de bain ou d'huile essentielle.
- Utilisez de l'eau à la température de la pièce, un peu plus fraîche que chaude. L'eau du robinet est adéquate.

- Rincez bien, à l'eau très chaude, le contenant du bain ou le vaporisateur de la douche après chaque utilisation. Désinfectez une fois par semaine.
- Vous pouvez donner un bain ou une douche chaque jour. C'est même l'idéal. Deux fois par semaine serait le minimum.
- Il existe une multitude de modèles de baignoires, de la simple soucoupe déposée au fond de la cage au modèle de luxe avec miroir et murs anti-éclaboussures. Choisissez-en une assez solide pour résister au bec d'un perroquet.

Pour la douche

- Enlevez la nourriture de la cage pour le temps de la douche.
- Vous pouvez « vaporiser » votre oiseau quotidiennement ou alterner avec le bain. Cette forme de pluie fine est particulièrement appréciée lors des journées de canicule.
- Utilisez un vaporisateur à plantes neuf (n'ayant jamais contenu d'herbicide, d'insecticide ou de produit de nettoyage) et réglez le jet d'eau afin d'obtenir la bruine la plus fine possible.
- Dirigez le jet indirectement, vers le plafond, pour que l'eau tombe en une pluie fine sur la tête et le corps de l'oiseau. En été, vous pouvez « vaporiser » votre perroquet une fois par jour et, en hiver, deux à trois fois par semaine.
- Cessez la douche lorsque l'oiseau est couvert de gouttelettes, mais avant qu'il ne dégoutte.

Conseils

- Certains oiseaux timides, effrayés par le bain ou la douche, vont apprécier une belle feuille de verdure mouillée sous laquelle ils iront batifoler. Utilisez par exemple une feuille de laitue ou des feuilles de céleri trempées dans l'eau fraîche et suspendues à la cage par une pince à linge.

- Évitez le bain ou la douche si votre oiseau n'est pas en forme et, en particulier, s'il gonfle son plumage (s'il se tient en « boule ») ; consultez alors un vétérinaire.
- Pas de bain non plus pour les oiseaux qui reçoivent un médicament mélangé à l'eau de boisson. La plupart des médicaments ayant mauvais goût, les oiseaux iront s'abreuver dans l'eau du bain, ignorant l'eau médicamenteuse.

La cage et les accessoires

La cage

Le terme « cage » est malheureusement souvent utilisé dans un sens péjoratif: mettre un fauve en cage, une cage dorée... Pour votre perroquet, la cage n'est pas une prison mais plutôt son foyer. Il y trouve un parc d'amusement (ses jouets), une salle à manger (ses augets à nourriture), les toilettes (le fond de sa cage). C'est un endroit où il peut se relaxer en toute sécurité, entretenir son plumage et observer la vie de la maison; c'est aussi une chambre à coucher (couvrez la cage la nuit et il sera ainsi bien tranquille).

Une cage est donc essentielle pour votre perroquet... et pour vous! (Un perroquet peut détruire un mobilier en quelques heures!)

Choisissez la cage la plus vaste possible compte tenu de l'espèce que vous choisissez, des moyens financiers dont vous disposez (l'achat d'une cage de qualité devrait toujours faire partie du budget consacré à l'acquisition du perroquet). Le perroquet adorant grimper et se pendre au plafond de sa cage, celle-ci devrait être faite de barreaux horizontaux (ou d'un carrelage de dimension suffisante pour que la patte de l'oiseau puisse s'y agripper sans danger) et d'un plafond plat également constitué de barreaux. Vous pouvez ainsi y suspendre de nombreux jouets.

Une cage avec des montants en bois ne résistera pas aux puissants becs de la majorité des perroquets et, de plus, elle sera très difficile à désinfecter. Ce n'est pas l'idéal.

Conseils

- Surveillez les annonces classées, les marchés aux puces et les ventes aux enchères. Vous pouvez parfois y trouver des cages d'excellente qualité à petits prix.
- Désinfectez toujours votre nouvelle cage, peu importe d'où elle provient.
- On peut repeindre une cage abîmée ou rouillée avec une peinture cuite non toxique. N'utilisez pas de peinture contenant du plomb, c'est un poison violent pour votre oiseau.
- Achetez de préférence une cage « en hauteur » plutôt qu'« en largeur » ; elle sera plus appréciée par votre perroquet.

Le perchoir sur pied

On appelle « perchoir sur pied » le perchoir en forme de T avec un plateau dessous qui permet à l'oiseau de se percher à l'extérieur de sa cage. Même s'il ne représente pas un achat essentiel, ce perchoir est très apprécié par plusieurs perroquets.

Les Aras et les gros Cacatoès qu'on ne peut tenir très longtemps sur son épaule sans se fatiguer, donc que l'on promène moins, apprécient particulièrement cette forme de sortie.

On peut placer le perchoir à côté de la cage, ce qui permet à l'oiseau de passer de l'un à l'autre à son gré ou, au contraire, le mettre dans une pièce plus éloignée, là où vous aimeriez que votre perroquet vous accompagne.

Ce perchoir évite bien des dégâts : les selles et les graines tombent sur le plateau. De plus, son bois très dur ne peut être abîmé comme pourrait l'être un meuble.

Conseils

- Le perchoir ne remplace pas la cage. L'oiseau ne peut y grimper, s'y suspendre ni changer d'étage. On ne peut le couvrir la nuit et le perroquet s'y sent moins en sécurité.
- Les perchoirs munis d'une chaînette s'attachant à la patte baguée de l'oiseau pour l'empêcher de s'envoler sont à déconseiller. Ils peuvent entraîner des fractures, des blessures et même étrangler un oiseau effrayé qui tenterait de s'échapper.
- Les perroquets très actifs et curieux, comme certains Amazones, ne demeureront probablement pas plus que quelques minutes sur un perchoir. Il est inutile de dépenser de l'argent à cet effet pour eux.

Les perchoirs de cage

Un perroquet passe presque toute sa journée sur ses perchoirs. Ils doivent donc être bien adaptés à l'anatomie de l'oiseau, pour éviter de nombreux problèmes, notamment des lésions aux pattes.

Nous recommandons l'utilisation de perchoirs de formes et de diamètres différents; ainsi, le point de pression maximum se déplace et le risque d'ulcération aux pattes diminue.

Les perchoirs en bois sont préférables aux perchoirs en plastique. Ils sont plus solides et moins glissants. Il existe plusieurs catégories de bois. Les bois durs, tels l'érable et le merisier, font d'excellents perchoirs indestructibles (sauf pour certains Aras). Vous pouvez aussi poser quelques perchoirs en bois mou, comme le pin, qui deviendront alors des jouets pour l'oiseau et contribueront à l'usure normale de son bec lorsqu'il les grugera.

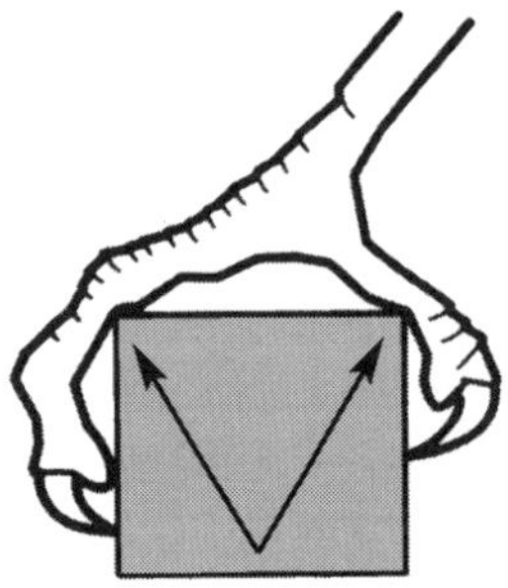

Pression maximum

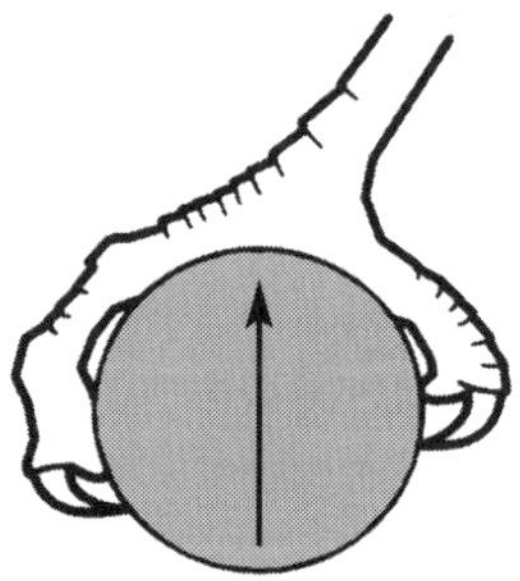

Pression maximum

Conseils

- À la boutique d'animaux, vous pouvez acheter des perchoirs spécialement conçus pour votre oiseau ou encore, à la quincaillerie, des goujons ou des planchettes en bois non traité et les adapter à votre cage (c'est moins coûteux).
- Des branches d'arbre bien désinfectées (lavées puis chauffées au four à 80 °C [175 °F] pendant 15 minutes) font d'excellents perchoirs temporaires (l'oiseau les grugera avec plaisir). Vous pouvez utiliser des branches d'érable et celles d'arbres fruitiers (excepté le cerisier). Évitez les conifères.
- Le manzenita (aussi appelé busserole), un bois indestructible provenant de la Californie, est idéal. Ses branches décoratives sont de formes et de diamètres variés.
- Les perchoirs en plastique, en forme de branches d'arbre, sont attrayants et faciles à nettoyer, mais ils n'ont pas la qualité et la texture d'un perchoir en bois. Ce peut être un bon compromis si vous ne trouvez pas de branches naturelles pouvant s'adapter à votre cage.

- N'utilisez pas de papier de verre (papier sablé ou papier d'émeri) sur les perchoirs, il est irritant et inefficace.

La couverture de la cage

Votre perroquet aura bien meilleure mine s'il peut profiter de 10 heures de sommeil paisible par nuit. Sa période de repos est facilement perturbée, même par le simple reflet de phares de voiture ou l'éclairage de la télévision. Il est donc préférable de couvrir sa cage la nuit, surtout si vous êtes un couche-tard. La couverture permettra aussi à l'oiseau de ne pas prendre froid en conservant sa chaleur si la température de la pièce baisse de quelques degrés pendant la nuit. Certains perroquets feront des cauchemars s'ils sont plongés dans le noir complet. Vous remarquerez que l'oiseau s'éveille la nuit en criant et en se frappant partout dans sa cage. Dans ce cas, installez une petite veilleuse près de la cage.

Conseils

- Utilisez une couverture opaque, pas trop chaude, en fibres naturelles (le coton est idéal), qui recouvre toute la surface de la cage.
- Lavez régulièrement la couverture (au moins une fois par mois) avec un savon doux, non parfumé.
- Ne vous découragez pas si votre oiseau dévore sa couverture. Essayez de le coucher plus tard ou de laisser une petite ouverture à l'avant… il s'ennuie peut-être !
- Si votre oiseau refuse la couverture (il crie, s'excite, se lance au fond de la cage), placez-le pour la nuit dans une pièce isolée et sombre, aux fenêtres recouvertes.

Les jouets

Jouer est un plaisir essentiel pour la bonne santé de votre perroquet. Comme certaines personnes préfèrent jouer aux échecs et d'autres, aux cartes, les perroquets ont leur jouet préféré. Les Cacatoès, les Amazones et les Conures sont spécialement joueurs.

Deux critères peuvent vous aider dans le choix d'un jouet pour perroquet : la sécurité et la solidité.

Dans les boutiques d'animaux, on trouve des jouets conçus spécialement pour les oiseaux. Choisissez un jouet adapté à la taille et à la force du bec de votre perroquet. Un jouet pour perruche sera sûrement détruit en quelques minutes et peut même empoisonner votre oiseau. En effet, le balancier de certains jouets pour petits oiseaux est constitué d'une boule de plomb recouverte de plastique. Si la perruche ne peut briser le plastique, votre perroquet le fera, et le plomb est un poison pour lui. Il existe des jouets pour perroquets de différentes qualités. Choisissez-en un fabriqué par un manufacturier reconnu. Il y a malheureusement des fabricants qui, pour rendre leurs jouets plus attrayants, les recouvrent de peinture ou de feuilles métalliques ; dans les deux cas, ils sont dangereux pour la santé de votre oiseau.

Les jouets « temporaires », c'est-à-dire conçus dans le but d'amuser l'oiseau jusqu'à ce qu'il démolisse l'objet, tels les jouets en bois mou, en cuir ou en os, sont spécialement appréciés des oiseaux plus destructeurs comme les Amazones et les Aras.

Conseils

- Même si les jouets pour enfants sont, pour la plupart, non toxiques, ils ne sont pas conçus pour résister à un bec de perroquet. Les éclats de plastique ou de bois pourraient blesser votre oiseau.
- Un os en cuir ou en corde pour chien peut amuser votre perroquet durant des heures, sans danger, pour un coût minime.

- Les miroirs sont peu appréciés de la majorité des perroquets. Ils y voient un ennemi et cela peut les rendre agressifs. Si votre oiseau, lui, aime les miroirs, faites attention qu'il ne tombe pas « amoureux » de sa propre image et ne vous délaisse…
- En général, les perroquets préfèrent ce qui est coloré et bruyant. Ainsi, une chaînette où sont enfilées des billes de couleurs vives et se terminant par une cloche constitue souvent leur jouet préféré.
- Il existe sur le marché de véritables plates-formes de jeux constituées d'échelles, de balançoires, de perchoirs variés et de différents jouets montés sur une base en bois. Votre perroquet appréciera sûrement ce cadeau !
- Il existe des perroquets « timides » qui sont effrayés par toute nouveauté. Choisissez alors des jouets de bois, non teint, sans cloche et… soyez patient !

L'environnement

L'emplacement de la cage

En règle générale, la cage de votre perroquet devrait être située dans la pièce la plus vivante de la maison, c'est-à-dire là où vous passez la plus grande partie de votre temps, là où il ne se sentira pas isolé et où il pourra obtenir de l'attention.

La cuisine est souvent la pièce choisie. Cela permet à l'oiseau de participer aux repas (partager votre repas est pour lui une excellente façon de varier son alimentation) et de rencontrer toute la maisonnée. La cuisine présente cependant certains dangers. Le gras de cuisson qui s'évapore dans l'atmosphère ira se déposer sur son plumage et le rendra moins isolant, donc votre perroquet sera plus sensible au froid! Cuisinez moins gras ou... éloignez-le des chaudrons! Attention, si vous oubliez les poêlons recouverts de téflon sur le feu, ils surchaufferont et dégageront des vapeurs extrêmement nocives qui peuvent tuer un perroquet en quelques minutes.

Ne laissez pas votre perroquet voler librement dans la cuisine à moins de vouloir manger du perroquet frit ou bouilli!

Le salon ou la salle de séjour est une autre pièce où vous pourriez installer une cage, surtout si vous êtes un mordu de la télévision et y passez beaucoup de temps. Cependant, n'oubliez pas que votre oiseau a besoin de 10 heures de sommeil minimum par nuit et que le cinéma «de minuit» ne l'intéresse pas nécessairement. Couvrez sa cage ou changez-le de pièce si vous voulez vous coucher tard.

Les autres endroits sont, dans la majorité des cas, moins appropriés : la chambre à coucher est beaucoup trop isolée, le corridor ou l'entrée sont souvent balayés par des courants d'air froid et la salle de bain est beaucoup trop humide.

Si vous possédez un perchoir sur pied, vous pouvez déplacer l'oiseau avec vous, ce qui peut être très pratique.

Plusieurs personnes ont un perroquet « au travail », dans la salle d'attente ou dans le bureau de la réceptionniste. Si vous n'êtes au bureau que de 9 heures à 17 heures, choisissez un perroquet assez indépendant, comme certains Amazones et Conures, sinon il sera très malheureux. Plusieurs amateurs de perroquets qui possèdent de nombreux oiseaux leur consacrent une pièce de la maison. Les oiseaux y sont à leur aise et leurs vocalises sont moins gênantes.

La température

Un perroquet en bonne santé peut supporter des variations de température graduelles de plusieurs degrés. Ce qu'il faut éviter, ce sont les changements brusques. Un courant d'air chaud dans une pièce chaude ne cause aucun mal. Ce qui est dangereux, c'est un courant d'air d'une température différente de celle à laquelle l'oiseau est habitué.

Si la température de votre maison baisse de quelques degrés la nuit, placez une couverture sur la cage de votre perroquet pour l'aider à conserver sa chaleur.

La température idéale varie de 20 °C à 25 °C. Pour un oiseau malade, en mue ou stressé, elle ne devrait pas descendre en bas de 25 °C et pourrait aller jusqu'à 30 °C. Un oiseau installé à proximité de fenêtres ou de baies vitrées, d'où peuvent s'échapper des courants d'air frais, court de réels dangers. Évitez aussi l'air conditionné ; si ce n'est pas possible, faites en sorte que la cage ne reçoive pas directement l'air du climatiseur.

Un chauffage excessif peut être tout aussi dommageable, surtout pour le plumage. Évitez aussi les courants d'air trop chauds et ne placez jamais votre perroquet sous le jet d'air provenant d'un appareil de chauffage.

Par une chaude journée printanière ou estivale, un soleil de plomb pourrait valoir à votre perroquet une insolation fatale. Prévoyez donc toujours un petit coin à l'ombre pour lui.

L'humidité

Les perroquets, pour la plupart, sont originaires de zones climatiques à très haut degré d'humidité (jungle et forêt tropicale). Un environnement trop sec, auquel ils ne sont pas habitués, peut être dommageable pour eux. Cela assèche leur muqueuse, les rendant plus sensibles aux problèmes respiratoires. La sécheresse de la peau peut entraîner des problèmes de picage. Si votre maison est très sèche, l'utilisation d'un humidificateur aidera à maintenir la bonne santé de votre perroquet. Un excès d'humidité prédispose par contre à la croissance de levure et de champignons, parfois causes de maladies.

L'éclairage

Le perroquet, qui a besoin de 10 à 12 heures de sommeil par nuit, peut passer le reste de sa journée en pleine lumière. L'éclairage artificiel, ampoule ou néon, suffit, mais le soleil est sans égal. Le perroquet aimera la proximité d'une fenêtre ; cependant, évitez de l'installer en plein soleil.

Les éclairages au néon imitant les rayons ultraviolets du soleil connaissent depuis quelques années un essor considérable. Par exemple, les lampes Vitalight, Sun-Glow et autres reproduisent le spectre de la lumière naturelle et seraient bénéfiques pour la santé de vos oiseaux (et la vôtre, semble-t-il !). Nous les recommandons chaudement.

Offrez toujours à l'oiseau le choix entre l'ombre et le soleil en couvrant, par exemple, la moitié de sa cage avec une couverture ou en fermant partiellement le rideau ou le store. N'oubliez pas que la température d'un objet (ou d'un animal) soumis aux rayons ardents du soleil augmente de façon parfois très notable !

Dans un autre ordre d'idées, notez qu'il en est du perroquet comme de l'être humain. De la même manière que l'homme ne bronze pas derrière une vitre — parce que les fenêtres en verre filtrent les rayons ultraviolets —, le perroquet gardé à l'intérieur n'aura pas un plumage aussi brillant que celui qui est exposé aux rayons solaires. Des suppléments vitaminiques, contenant notamment de la vitamine D, peuvent pallier le manque de rayons solaires et ce, surtout si vous vivez dans une région aux hivers rigoureux. Certains oiseaux nerveux ou émotifs ne pourront dormir dans l'obscurité complète sans faire de « cauchemars ». Si votre perroquet se réveille la nuit, crie et tombe en bas des perchoirs, une veilleuse est à conseiller. Essayez de maintenir une photopériode adaptée à la saison en augmentant les heures de lumière en été et en les diminuant en hiver. La mue en sera facilitée.

L'hygiène de la cage

Le fond de la cage

Nous recommandons de nettoyer quotidiennement le fond de la cage de votre perroquet. Vous remarquerez ainsi rapidement s'il y a changement dans la consistance des fientes, présence de sang, de vomissements, perte anormale de plumes ou diminution de l'appétit (moins de graines ouvertes au fond). Vous pouvez disposer au fond de la cage une couche de papier (journal, essuie-tout, papier brun ou papier ciré) que vous remplacerez tous les jours.

Conseils

- Évitez les copeaux en bois, la litière pour chat ou le sable comme fond de cage. Comme ils coûtent très cher, on ne peut les changer assez souvent et ils dégagent des poussières irritantes pour le système respiratoire de l'oiseau, ce qui le rend plus vulnérable aux infections. De plus, ils peuvent être toxiques s'ils sont ingérés.
- Même si l'encre qui sert à imprimer le papier journal contient du plomb, la quantité contenue dans une feuille est si minime qu'elle ne peut causer de tort à l'oiseau. Cependant, l'encre peut tacher les plumes des perroquets de couleur pâle. Dans ce cas, évitez ce genre de papier.
- Certains perroquets éprouvent un malin plaisir à déchiqueter le papier recouvrant le fond de la cage. Ce peut être par désœuvrement

(déplacez la cage ou offrez-lui de nouveaux jouets) ou tout simplement parce que ce jeu les amuse. Les femelles en période de reproduction grignotent le papier déposé au fond de leur cage parce qu'elles cherchent à construire un nid. C'est normal!

- Le papier de verre (papier sablé ou papier d'émeri) n'est d'aucune utilité: il coûte cher et peut bloquer le système digestif de l'oiseau qui en ingère.

Les augets

Les augets devraient être particulièrement bien nettoyés. Des bactéries et des moisissures peuvent facilement s'y développer et contaminer votre oiseau lorsqu'il se nourrit. Changez l'eau tous les jours et rincez le gobelet en le frottant pour éliminer les dépôts. Vous devriez aussi changer les graines quotidiennement. Si vous devez en jeter beaucoup, diminuez la ration quotidienne. N'oubliez pas que le perroquet ne mange que l'intérieur des graines et que l'accumulation d'écailles vides dans l'auget peut vous faire faussement croire qu'il a encore de la nourriture.

Les perchoirs

Les perchoirs devraient être récurés et lavés à l'eau bouillante dès qu'ils sont souillés. Les pattes de l'oiseau sont fragiles et la moindre blessure permettra l'entrée des bactéries qui se retrouvent sur des perchoirs sales.

La cage elle-même

Idéalement, vous devriez procéder au lavage et à la désinfection de votre cage toutes les deux semaines. Cage, perchoirs et augets devraient tremper au moins 15 minutes dans une solution désinfectante comme de l'eau de Javel diluée (1 partie d'eau de Javel dans 30 parties d'eau chaude) ou de la chlorexidine (Hibitane). Malheureusement, une cage de perroquet est souvent trop grande pour entrer dans une baignoire ; cette tâche sera alors pénible. Vous pouvez vaporiser la cage avec la solution désinfectante et utiliser la douche pour la rincer.

Les perchoirs en bois devraient, de préférence, être désinfectés à la chaleur (au four à 80 °C [175 °F] pendant 15 minutes).

Petit truc

Apportez votre cage au lave-auto manuel. Les jets puissants et chauds d'une telle installation nettoient et désinfectent très bien. Oubliez les autres automobilistes qui vous regardent bizarrement, mais n'oubliez pas votre perroquet dans la cage !

Les maladies

Symptômes généraux

Un perroquet aux plumes ébouriffées, qui se tient couché au fond de la cage et ne réagit presque pas si on le touche, est souvent un perroquet « mort » même si on lui fournit les meilleurs soins médicaux. Cette règle se vérifie malheureusement dans 95 p. 100 des cas. N'attendez donc pas d'être en présence de tels symptômes avant de consulter un vétérinaire.

Les oiseaux sont maîtres dans l'art de dissimuler leurs malaises. Dans la nature, les perroquets malades seront tués ou abandonnés par leurs congénères pour éviter d'attirer les prédateurs. Votre perroquet essaiera donc par tous les moyens de ne pas vous montrer qu'il n'est pas en forme. Apprenez à bien reconnaître ce qui est normal pour lui. S'il n'a pas l'habitude de dormir l'après-midi, s'il dort la tête dans les plumes, s'il ébouriffe ses plumes, s'il ne parle plus, s'il refuse que vous le caressiez alors que précédemment il adorait se faire cajoler ou, au contraire, s'il est trop affectueux ou s'il refuse de sortir de sa cage, votre perroquet est peut-être malade. Certains perroquets très apprivoisés ont le réflexe, lorsqu'ils sont malades, de rechercher à tout prix la chaleur humaine : ils se réfugieront dans votre cou et y resteront des heures sans bouger. Ne confondez pas ce symptôme avec une recherche d'affection. Les jeunes perroquets malades auront tendance aussi à régresser : ils reprendront une attitude et un vocabulaire de bébé, en plus de cesser de s'alimenter sauf à la main.

Inquiétez-vous aussi de tout écoulement nasal ou oculaire, de signes de vomissement ou de régurgitation (plumes du visage collées), de selles anormales, de difficultés respiratoires, de l'augmentation ou de la diminution de l'appétit, de changements dans son activité. Si votre perroquet arrête de manger, considérez son cas comme une urgence requérant une attention immédiate.

Rappelez-vous que plusieurs perroquets meurent la bouche pleine et que le fait qu'« il mange encore » ne doit pas endormir votre vigilance. Ne prenez aucun risque et, au moindre doute, consultez un vétérinaire. Votre oiseau est unique, sa vie est importante et elle dépend de vous.

Soins généraux à apporter à l'oiseau malade

D'abord, au premier signe de maladie, prenez rendez-vous chez le vétérinaire. Même le plus habile des vétérinaires ne peut poser un diagnostic au téléphone et encore moins traiter votre perroquet de cette façon.

Il existe quand même certains soins de base que vous devriez apporter à l'oiseau malade :

- Diminuez le stress en amenant l'oiseau dans une pièce calme. Couvrez trois côtés de la cage d'une couverture. Il s'y sentira plus en sécurité. Surtout n'allez pas déranger votre perroquet aux cinq minutes pour voir s'il va mieux. Son instinct le portera à réagir à votre visite. Il peut remonter sur sa perche, replacer ses plumes ébouriffées, vocaliser un peu, non parce qu'il va mieux, mais parce que, dans la nature, un perroquet malade ne survit pas et qu'il veut donc vous cacher ses symptômes. Mais, malheureusement, il s'épuise en agissant ainsi.
- Élevez la température ambiante. Maintenez l'environnement immédiat de l'oiseau entre 27 °C et 30 °C. L'oiseau malade éprouve beaucoup de difficultés à maintenir sa température corporelle. Il gonfle ses plumes pour augmenter leur faculté d'isolation et donc

sa température interne, mais cela n'est souvent pas suffisant. Mettez un coussin chauffant sous la cage, utilisez une lampe à rayons infrarouges ou plus simplement isolez l'oiseau dans une petite pièce dont vous pouvez contrôler la température.

- Si vous avez plusieurs perroquets, isolez le malade, de préférence dans une pièce à part. Certaines maladies peuvent être contagieuses.
- Enlevez de sa cage le gravier (si vous n'avez pas suivi nos conseils… et que vous persistiez à lui en donner!), mais aussi les écailles d'huître et les blocs minéraux. Le perroquet indisposé peut en surconsommer.
- Installez l'eau et la nourriture à proximité immédiate du perroquet pour qu'il n'ait à faire aucun effort supplémentaire pour atteindre ses augets. S'il se tient au fond de la cage, mettez-y l'eau et la nourriture dans des plats peu profonds.
- Notez la consistance des fientes et conservez-en des échantillons pour le vétérinaire.
- Faites la liste de toutes les causes possibles de la maladie: courant d'air, stress, acquisition d'un nouvel oiseau, possibilité d'empoisonnement, changement alimentaire, déplacement, etc. Cela pourra aider votre vétérinaire.
- N'utilisez jamais de médicaments pour les humains ou qui ont été prescrits à d'autres animaux, ni même de médicaments utilisés précédemment pour un autre oiseau. Ne donnez pas d'alcool. Ne tentez pas de traitement maison. Sachez qu'il n'y a pas de diagnostic facile. Le perroquet ne peut décrire ses symptômes, la médecine des oiseaux est toute jeune et, même en médecine humaine, on ne peut malheureusement sauver tous les patients.
- N'utilisez jamais, à moins d'une prescription du vétérinaire, d'onguent ou de crème. Le plus souvent, ces produits finiront par coller sur les plumes, rendant le plumage plus perméable au froid, ou seront ingérés par l'oiseau, qui risque ainsi l'intoxication.

À propos des maladies

Les sections suivantes décrivent quelques-unes des maladies les plus fréquentes chez le perroquet, mais n'oubliez pas que, dans la majorité des cas, il n'existe pas de signes pathopneumoniques (joli terme médical signifiant que certains symptômes ne peuvent être reliés qu'à une seule maladie). Ainsi, la diarrhée est un symptôme et non une maladie. Les causes de la diarrhée sont multiples : infection digestive, malnutrition, infection rénale, problème hépatique, diabète, pancréatite, cancer, parasite, irritation par le gravier, empoisonnement… La médecine humaine a développé l'électro-microscopie, l'échographie, le scanner, la résonance magnétique, et ce n'est pas sans raison. Certaines maladies sont difficiles à diagnostiquer et d'autres ne répondent à aucun traitement. Ce n'est certainement pas le produit universel « contre la diarrhée » acheté à la boutique d'animaux qui guérira tous ces problèmes.

Règle de base

Consultez un vétérinaire qui connaît les oiseaux ; choisissez une clinique dont au moins 30 p. 100 de la clientèle est constituée d'oiseaux et n'attendez pas de miracle ! Le remède pour le cancer chez les humains n'est pas encore découvert, encore moins chez les perroquets.

Souvenez-vous qu'utiliser de son chef un antibiotique ou tout autre médicament n'aura souvent que des effets néfastes : vous retarderez votre visite chez le vétérinaire pour « essayer » le traitement et, ainsi, l'oiseau deviendra plus malade et plus faible. Vous risquez de masquer certains indices révélateurs. Votre geste augmente la résistance des bactéries au traitement nécessaire et surtout VOUS pourriez être la cause indirecte du décès de votre oiseau. Pensez-y !

Pourquoi votre perroquet est-il malade ?

Ce que vous démontre l'oiseau, ce sont des symptômes et non pas la maladie. Par exemple, « la diarrhée » ou « l'amaigrissement » en tant que tels ne sont pas des « maladies ». Ce ne sont que les signes extérieurs d'un problème précis qui doit être identifié afin de traiter adéquatement le perroquet.

Trois facteurs sont à considérer pour comprendre pourquoi votre oiseau est malade : le perroquet lui-même, l'environnement, l'agent de la maladie.

Le perroquet lui-même

Dans la maladie entrent en jeu des facteurs comme : l'hérédité, l'âge de l'oiseau, son statut immunitaire, l'espèce, la constitution, son statut nutritionnel, la mue, la reproduction.

L'environnement

Voici quelques exemples d'éléments pouvant affaiblir votre perroquet face à la maladie :

- photopériode inadéquate ;
- température trop basse, trop haute ou qui varie trop ;
- courants d'air ;
- mauvaise hygiène ;
- trop ou trop peu d'humidité ;
- environnement mal aéré ou dangereux ;
- stress ;
- contact avec des oiseaux malades ;
- mauvaise nutrition.

L'agent de la maladie

Les causes d'un même symptôme sont multiples : les bactéries, les parasites, les levures, les irritants, la malnutrition, les cancers, les toxines, les virus, les champignons (fongus), les poisons, les problèmes métaboliques, immunitaires, psychologiques ou hormonaux.

La maladie est un problème extrêmement complexe et, autant que possible, un diagnostic précis doit être posé avant l'instauration d'un traitement.

Les traitements vétérinaires

Très souvent, notre seul conseil pour le traitement des différentes maladies pouvant affecter votre perroquet sera: « Consultez un vétérinaire. » Pourquoi? Qu'est-ce que le vétérinaire peut faire de plus que vous pour votre perroquet?

La première étape, la plus difficile, consiste à poser un diagnostic, c'est-à-dire identifier, si possible, la cause exacte de la maladie. Pour cela, le vétérinaire examinera votre oiseau et aura recours, si nécessaire, à des analyses de laboratoire: radiographies, analyses du sang, analyses des selles, cultures bactériennes, etc. On ne doit pas jouer aux devinettes lorsque la vie d'un perroquet est peut-être en jeu. Selon les résultats des analyses et l'état général de votre oiseau, différentes formes de traitement seront possibles.

Comment traiter à la maison

Administrer un médicament dans l'eau de boisson

Administrer un médicament dans l'eau de boisson a comme seul avantage d'être facile à exécuter et de n'occasionner aucun stress à l'oiseau. On choisit cette méthode dans les cas mineurs ou à la suite d'une hospitalisation, pour terminer le traitement. Malheureusement, plusieurs médicaments changent le goût et la couleur de l'eau et le perroquet peut alors refuser de boire normalement. De plus, on ne peut contrôler la quantité exacte de médicament qu'il consomme et on risque de lui en donner trop ou pas assez.

Conseils

- Si le médicament a un goût amer ou désagréable, ajoutez un peu de miel ou de jus au mélange pour qu'il soit mieux accepté. Vérifiez cependant avec votre vétérinaire s'il n'y a pas de contre-indication.

- N'offrez pas de fruits ou de légumes riches en eau. Le perroquet sera bien trop heureux d'en extraire le jus et de diminuer ainsi sa consommation d'eau médicamentée.
- Certains médicaments peuvent être ajoutés à la nourriture de l'oiseau. Choisissez des aliments mous auxquels le médicament adhérera facilement et assurez-vous qu'ils sont entièrement consommés (raisins et bananes, par exemple). Seuls les médicaments ayant un bon goût seront acceptés par l'oiseau. Rappelez-vous que si le perroquet ne se laisse jamais mourir de soif, peu importe le goût de l'eau, il peut refuser les aliments médicamentés et, s'il n'a rien d'autre à se mettre sous la dent, il peut mourir de faim.

Administrer un médicament directement dans le bec

On peut, à l'aide d'une seringue ou d'un compte-gouttes, administrer de petites quantités de médicaments directement dans la bouche du perroquet. Cela permet de lui donner le dosage exact au moment de la journée choisi. On ne peut utiliser cette méthode que pour des perroquets très apprivoisés et lorsqu'on est capable de les manipuler.

Conseils

- N'utilisez jamais un compte-gouttes ou une seringue en verre. Imaginez la catastrophe si le perroquet les brisait dans son bec.
- Administrez une petite dose à la fois et assurez-vous que le perroquet a réellement avalé le médicament avant de continuer.
- Si l'oiseau se débat, crie et s'étouffe, cessez immédiatement l'administration du produit. Par accident, le médicament pourrait obstruer la trachée et entraîner un arrêt respiratoire ou une pneumonie fatale.

Administrer un médicament par injection à la maison

Dans de rares cas, le vétérinaire pourra suggérer que vous donniez des piqûres à votre perroquet, à la maison. Assurez-vous qu'on vous enseigne la bonne technique et que vous avez réellement le courage de le faire. En général, nous recommandons que les injections soient données à l'hôpital vétérinaire par un membre du personnel compétent et entraîné. Les manipulations seront certainement plus rapides, les risques d'hémorragie moins grands, et si votre perroquet craint ou déteste quelqu'un à la suite du traitement, ce ne sera pas vous!

L'hospitalisation

Un perroquet malade doit parfois recevoir des traitements intensifs pendant plusieurs jours. L'hospitalisation est alors essentielle. Assurez-vous que le vétérinaire que vous consulterez a de bonnes connaissances en médecine des oiseaux (très différente de celle des chiens et des chats) et qu'il est également équipé pour hospitaliser votre perroquet. À l'hôpital, l'oiseau sera sous surveillance médicale continue. On notera, entre autres, son poids, son activité, son appétit et la consistance de ses selles quotidiennement et, s'il y a lieu, le traitement pourra être modifié sans délai. Bien sûr, le milieu hospitalier est un environnement stressant pour le perroquet, mais, dans bien des cas, l'hospitalisation est sa seule chance de guérison. Un perroquet qui arrête de manger doit être hospitalisé.

Les injections à l'hôpital

À l'hôpital, les injections de médicaments seront réalisées avec un minimum de stress et d'inconfort pour l'oiseau. La dose exacte est calculée selon le poids de l'oiseau et donnée à heure fixe. Bien sûr, on ne peut pas dire que le perroquet apprécie une telle forme de traitement, mais les médicaments injectés sont souvent plus puissants et plus efficaces que ceux donnés oralement et, de plus, plusieurs médicaments n'existent que sous forme injectable.

Le plus souvent, on administre les piqûres dans le muscle de la poitrine (appelé «muscle du bréchet»). Parfois, dans des cas graves, des injections intraveineuses ou intra-osseuses seront nécessaires. Le sérum pourra être injecté dans les veines ou sous la peau, dans le cou ou à l'intérieur des cuisses.

Les intubations

On peut doser exactement un médicament donné oralement ou nourrir un perroquet anorexique en l'intubant. Le bec de l'oiseau est maintenu ouvert à l'aide d'un « ouvre-bec » et on insère un tube de caoutchouc ou de métal dans l'œsophage jusque dans le jabot. Les médicaments ou la nourriture prescrits sont alors déversés dans le tube sans risque d'atteindre les poumons. Les intubations ne doivent être effectuées que par une personne bien entraînée. Si le tube devait, par accident, être inséré dans la trachée plutôt que dans l'œsophage, le perroquet mourrait étouffé. Les intubations ne sont pas douloureuses ; elles ne prennent que quelques minutes et doivent être effectuées deux ou trois fois par jour, selon le cas.

La chirurgie

Certains problèmes, tels les tumeurs, les corps étrangers, les fractures ouvertes et les lacérations, nécessitent une intervention chirurgicale. Comme chez tous les autres animaux et même chez l'humain, il existe un risque de décès relié à l'anesthésie, mais, depuis quelques années, les vétérinaires pour oiseaux utilisent un gaz des plus sécuritaires (quoique très dispendieux) pour endormir les perroquets. Avec cette forme d'anesthésie, les risques d'accident ont beaucoup diminué. Demandez à votre vétérinaire de quelle façon votre perroquet sera anesthésié, s'il doit subir une intervention chirurgicale. Malheureusement, l'anesthésie locale est peu efficace chez l'oiseau et est parfois toxique.

Les problèmes digestifs

La fiente normale du perroquet est composée de trois parties qui sont sécrétées en même temps : une partie verte ou brune ferme qui constitue les selles, c'est-à-dire ce qui provient du système digestif, une partie blanche qui représente les urates, c'est-à-dire l'urine concentrée, et un petit cerne liquide qui représente l'urine. Sachez reconnaître les selles normales de votre oiseau.

La diarrhée et l'excès d'urine

Les cas de diarrhée, c'est-à-dire où la partie verte ou brune des fientes est non formée, sont moins fréquents que les cas de polyurie (quand il y a trop d'urine). Si les selles sont formées, mais qu'il y a un grand cerne d'eau autour, ce n'est pas de la diarrhée mais un problème d'excès d'urine, et les causes et les traitements ne sont pas les mêmes. Il peut être difficile de faire la différence. Conservez donc les selles de l'oiseau pour les faire examiner par le vétérinaire.

Les causes possibles de diarrhée et d'excès d'urine sont variées et pourraient remplir deux ou trois pages de ce livre : infection, parasite, poison, cancer, insuffisance rénale, etc. Nous vous en épargnons la nomenclature.

Rappelez-vous simplement qu'un oiseau qui a mangé beaucoup de fruits ou de légumes, qui est stressé ou qui est gardé dans un environnement très chaud aura des selles plus molles et plus liquides, sans que cela soit grave. Pour vérifier, isolez votre perroquet dans une pièce calme à une température de 22 °C et enlevez temporairement de sa cage les fruits et les légumes, l'os de seiche et le bloc minéral. Ses selles devraient redevenir normales en 24 heures. Jamais son activité ne devrait diminuer.

Une visite immédiate chez le vétérinaire s'impose dans les cas suivants :

- diarrhée (ou polyurie) qui persiste pendant plus de 24 heures ;
- diarrhée accompagnée de vomissements (ou d'anorexie) ;

- oiseau abattu et gonflé,
- selles avec du sang ou vert émeraude;
- selles avec des graines non digérées.

Suivez aussi les directives de la p. 86.

Les vomissements et la régurgitation

Les oiseaux ne vomissent pas vraiment. Ils régurgitent, c'est-à-dire qu'ils expulsent la nourriture non digérée de leur jabot (et non de leur estomac). Quoi qu'il en soit, considérez toujours la régurgitation comme un problème sérieux, sauf:

- Si l'oiseau ne régurgite qu'une fois à la suite d'un stress (changement alimentaire, déplacement, frayeur). Éliminez le stress et tout rentrera dans l'ordre.
- Si c'est sa façon d'exprimer son affection (à son propriétaire, à son compagnon ou à son jouet préféré). En effet, le perroquet peut volontairement expulser les graines de son jabot par un mouvement de va-et-vient vertical de la tête. Les graines seront alors entières ou presque, accompagnées de très peu de liquide. L'oiseau n'aura alors pas l'air malade et, si vous éliminez l'objet de son affection, le comportement cessera. Si c'est sur vous qu'il régurgite, soyez heureux (malgré les inconvénients): c'est le signe qu'il vous aime beaucoup.

Les autres cas de régurgitation sont sérieux. Le perroquet qui ne peut garder sa nourriture maigrit, s'affaiblit et se déshydrate très rapidement. Il peut même s'étouffer avec ses régurgitations. Consultez un vétérinaire sans tarder. Une radiographie, des prises de sang et des cultures bactériennes seront souvent nécessaires.

Les causes possibles sont les suivantes: infection, blocage intestinal par des corps étrangers, excès de gravier, tumeur, parasites, empoisonnement, problème neurologique, engorgement du foie, etc.

Ne faites jamais jeûner votre oiseau. Bien sûr, il ne vomira plus puisque son jabot sera vide, mais il va mourir de faim en peu de temps…

La constipation

Il est extrêmement rare de voir un perroquet constipé. Le plus souvent, nous confondons un oiseau malade qui mange moins ou plus du tout et qui produit donc très peu de selles avec un oiseau constipé.

Les vrais cas de constipation peuvent être causés par un blocage intestinal, un œuf retenu, une tumeur, une hernie abdominale, l'obésité, une masse au niveau du cloaque ou un polype intestinal ou cloacal.

Vous vous rendrez compte que le vieux truc de donner de l'huile minérale comme laxatif sera inutile dans la majorité des cas et ne fera que retarder votre visite chez le vétérinaire, pendant que votre oiseau dépérira.

L'anorexie

L'anorexie est le refus de se nourrir. Les causes possibles en sont : les infections, la douleur, les blocages, le stress, etc. Comme nous l'avons déjà dit précédemment, un perroquet ne peut être privé de nourriture même pour une courte période (48 heures) sans en pâtir. Vous remarquerez que votre perroquet est devenu anorexique par une diminution des selles et une quantité moindre de graines ouvertes.

Essayez d'offrir à l'oiseau ce qu'il préfère. S'il boit encore, ajoutez du sucre dans son eau plus des vitamines et des minéraux. S'il est apprivoisé, vous pouvez essayer de lui offrir de la nourriture et des céréales pour bébé à la cuillère.

Consultez un vétérinaire rapidement. En clinique, il est possible de nourrir un perroquet anorexique en insérant un tube de caoutchouc par la bouche jusque dans le jabot et en y injectant une solution nutritive. On appelle cette procédure l'intubation. L'intubation n'est pas doulou-

Ara bleu et or

Gris d'Afrique (Timneh gris)
Ara bleu et or et cacatoès des Moluques

Ara bleu et or

Amazone à front bleu

reuse et permet de maintenir l'oiseau en vie jusqu'à ce que le problème soit réglé.

En contrepartie, il faut se souvenir que même si l'oiseau mange, cela ne veut pas dire qu'il n'est pas malade !

Les maladies respiratoires

Les affections respiratoires sont très fréquentes chez les perroquets et demeurent une importante cause de mortalité. Contrairement à la majorité des cas semblables chez les humains, les maladies respiratoires chez les oiseaux ne sont pas causées par des virus mais plutôt par des bactéries, des fongus et des chlamydiæ (sorte d'organisme à mi-chemin entre un virus et une bactérie, responsable de la « psittacose », maladie transmissible à l'homme et sur laquelle nous reviendrons plus loin).

Donc, même si l'humain peut souvent soigner son rhume simplement avec du repos, beaucoup de chaleur, du liquide et des vitamines, le perroquet, lui, aura souvent besoin d'antibiotiques ou d'autres médicaments pour guérir.

L'hypovitaminose A

Le manque de vitamine A, cas fréquent chez les perroquets qui ne mangent que des graines sans suppléments vitaminés, amènera des lésions caractéristiques chez l'oiseau atteint. On notera une enflure des choanes (sortes de papilles visibles sur le palais de l'oiseau), des abcès buccaux, une langue blanchâtre et, si la carence persiste, des infections respiratoires diverses et récurrentes, des sinusites, des laryngites, des pneumonies… Chez certains perroquets, on notera également la présence d'abcès autour des yeux ou dans la gorge.

L'hypovitaminose A rend la barrière naturelle que sont les muqueuses plus fragile aux attaques des agents infectieux. L'Amazone et le Gris d'Afrique sont particulièrement sensibles à ce problème.

Traitement

La prévention est toujours la meilleure solution. Donnez régulièrement des suppléments de vitamines à votre oiseau. S'il souffre d'une déficience mineure, c'est-à-dire s'il montre des signes visibles d'hypovitaminose A sans symptôme d'infection respiratoire, l'ajout d'huile de foie de morue (deux à trois gouttes par semaine sur la nourriture molle ou directement dans le bec) peut régler le problème. On retrouve la vitamine A dans les légumes vert foncé et orangé ; brocoli, épinards, poivrons et carottes en contiennent beaucoup. Offrez-en plus souvent à votre perroquet. Si les symptômes persistent ou si des signes d'infection apparaissent, consultez votre vétérinaire qui prescrira un antibiotique, si nécessaire, mais surtout des injections de vitamine A.

Les sinusites

Un oiseau qui éternue, dont le nez coule et qui a les narines bouchées est atteint, au moins, d'une sinusite. Nous disons « au moins », parce que la sinusite est très souvent accompagnée de symptômes plus généraux : léthargie, refus de se nourrir, fièvre, laryngite et pneumonie. Même une sinusite sans complications peut être difficile à traiter.

Nous recommandons donc toujours de faire une culture des écoulements nasaux ou des sécrétions des choanes pour identifier, par des techniques de laboratoire, l'agent causal et prescrire les antibiotiques auxquels cette bactérie (si c'est une bactérie) est sensible. Un test pour la psittacose (voir p. 100) est essentiel. On peut, selon la cause de la maladie et l'état de l'oiseau, traiter une sinusite à l'aide de médicaments dans l'eau, directement dans le bec, en gouttes dans les narines ou en injection.

N'attendez pas, car l'état de l'oiseau non traité peut se détériorer rapidement. Même si, par ailleurs, il est encore en pleine forme, une visite chez le vétérinaire s'impose. À la maison, chaleur, repos, augmentation du taux d'humidité ambiante, isolation et diminution des irritants (fumée, poussière) sont nécessaires.

Les sinusites d'origine allergique existent probablement aussi chez les oiseaux (comme la fièvre des foins chez l'homme). L'absence de tests d'allergies pour le perroquet nous empêche de le prouver, mais, dans les cas où une bactérie ne peut être isolée, où l'oiseau ne réagit pas aux antibiotiques et où il demeure en pleine forme, à part les écoulements, les allergies pourraient être mises en cause.

Les laryngites et les syringites

Le perroquet ne possède pas de cordes vocales. Sa voix provient de contractions de certains muscles qui agissent sur un appareil vocal situé près des poumons et appelé syrinx. À cause de cette localisation, il n'est pas possible de « dévocaliser » un perroquet sans mettre sa vie en danger.

Cet organe peut être le site d'infections; on parle alors de syringite ou de laryngite. La voix de l'oiseau sera alors rauque, plus basse et il cessera même, parfois complètement, de vocaliser. Ce problème est sérieux, car il dégénère souvent en pneumonie. Inquiétez-vous donc de tout changement dans la voix de votre perroquet.

La pneumonie et l'infection des sacs aériens

Le système respiratoire de l'oiseau est unique; il est parfaitement adapté à la caractéristique principale de cette espèce: la capacité de voler. En conséquence, tout l'organisme est fait de façon à augmenter la légèreté de l'oiseau. Les poumons sont petits et communiquent avec les sacs aériens (il en existe sept), sortes de poches où l'air circule et où il se produit des échanges gazeux. Chez le perroquet, plusieurs des os les plus importants sont partiellement creux, permettant ainsi une meilleure oxygénation. Les os creux sont reliés aux sacs aériens.

Une pneumonie (infection des poumons) sera donc souvent accompagnée de sacculite (inflammation des sacs aériens) et même parfois d'ostéomyélite (inflammation des os), puisque tous ces organes communiquent directement.

Tout cela pour vous expliquer la difficulté de traiter une pneumonie. L'oiseau atteint de pneumonie aura une respiration difficile, souvent bruyante, et parfois respirera le bec ouvert. Le plus souvent, il hérissera son plumage et refusera de manger. Le moindre stress pourra le faire tomber en syncope (manque d'oxygène au cerveau) et le tuer. La pneumonie exige sans contredit des traitements médicaux suivis, donc une hospitalisation. Votre perroquet recevra, selon le cas, de l'oxygène, du sérum, des antibiotiques injectables ou en nébulisation, des décongestionnants et de la nourriture par intubation. Il devra être isolé et gardé dans une pièce bien chauffée. Tous ces traitements ne peuvent être donnés que par un vétérinaire et, même là, le taux de mortalité est malheureusement élevé. Comprenez que même si le stress du déplacement et de l'examen du vétérinaire peut parfois être fatal pour un perroquet très malade, c'est pourtant sa seule chance de survie. Dans le cas contraire, l'oiseau mourra de toute façon à la maison, mais plus lentement, et il souffrira donc plus longtemps.

La psittacose

Terminons le sujet des maladies respiratoires par un problème qui devrait inquiéter tous les propriétaires de perroquets : la psittacose (aussi appelée ornithose ou chlamydiose). Cette infection respiratoire est causée par un organisme hybride (entre un virus et une bactérie) appelé *chlamydiæ psittacie* ; à ne pas confondre avec la chlamydiose des chats (amenant des problèmes oculaires) ou la chlamydia des humains (responsable de maladies sexuellement transmissibles).

La psittacose peut se traduire chez l'oiseau par des symptômes de sinusite, de pneumonie ou simplement des urates jaunes (la partie normalement blanche des selles est alors jaune moutarde). Cette maladie peut aussi amener des morts subites. Il existe des porteurs asymptomatiques : il s'agit d'oiseaux qui n'ont aucun symptôme externe, mais qui peuvent quand même transmettre la *chlamydiæ* à d'autres. La *chlamydiæ pstittacie* peut contaminer l'homme, chez qui elle cause des problèmes respiratoires.

Même si elle est relativement peu fréquente, la psittacose existe encore de nos jours et n'est pas une maladie légendaire comme certains éleveurs ou certains médecins le déclarent. Nous connaissons plusieurs personnes qui ont été affectées par cette maladie (cela a été confirmé par le laboratoire). Certaines n'ont manifesté qu'un « simple rhume », d'autres une pneumonie sévère. Les personnes âgées et les enfants ont un système immunitaire plus faible et sont donc plus sensibles à cette infection. En fait, au cours des dernières années, on a assisté à une recrudescence de la maladie même chez les perroquets nés en captivité.

Comment savoir si le perroquet que vous voulez acheter est porteur ou souffre de psittacose ?

- Méfiez-vous d'un oiseau présentant des problèmes respiratoires : écoulement nasal, sinusite, difficulté à respirer…
- Achetez de préférence un oiseau sain, né ici, n'ayant eu aucun contact avec d'autres oiseaux, et venant de chez un éleveur consciencieux et réputé. Ceci n'est malheureusement pas une garantie.
- Tout perroquet récemment importé (depuis moins de deux ans) peut être porteur de la maladie. Le fait que l'oiseau ait subi une quarantaine ne signifie pas qu'il est exempt de la psittacose. Durant la quarantaine, on n'examine pas les oiseaux pour savoir s'ils sont ou non porteurs de cette maladie. Mais souvent, on leur administre des médicaments pour la traiter et la prévenir.
- Les oiseaux passés en fraude ont de grands risques de transporter cette maladie en plus de représenter un danger réel pour la volaille de votre pays (à cause du virus de New Castle). N'encouragez pas le marché noir. Pour un oiseau vivant vendu en animalerie, 10 et plus sont morts en chemin et le survivant pourrait vous rendre très malade et contaminer d'autres oiseaux.

- Faites examiner votre perroquet par un vétérinaire à l'achat et demandez un test pour détecter la psittacose. Il existe différents examens de laboratoire et, selon le montant que vous voudrez y consacrer et la disponibilité des tests dans votre pays, des tests sanguins, des analyses de selles, des cultures et des tests sérologiques sont offerts. Aucun n'est infaillible, mais certains sont plus fiables que d'autres. Consultez votre vétérinaire. Même si votre oiseau a la psittacose, il n'est pas pour autant condamné. Nous disposons de différentes formes de traitement : moulée médicamentée, médicaments à mettre dans l'eau, dans la bouche ou injectables (les seuls reconnus pour leur efficacité).

Pour vous protéger, changez le fond de la cage plusieurs fois par jour. En effet, la *chlamydiæ* est le plus souvent excrétée dans les selles, l'urine, la salive et les sécrétions. Lorsque les selles deviennent sèches, la bactérie se retrouve sous forme de poussière dans l'air et peut vous contaminer.

Les levures et les champignons

Les levures et les champignons peuvent aussi causer des problèmes respiratoires (et parfois digestifs) chez votre perroquet. L'aspergillose et la candidase sont les plus fréquents. Le diagnostic de ces maladies est très difficile à établir et le traitement est long, coûteux et, malheureusement, présente un pourcentage de rechutes élevé.

Le principal facteur favorisant le développement des maladies à levures et à champignons est l'abus d'antibiotiques. Utilisés sans discernement, ils détruisent non seulement les bactéries « pathogènes » (c'est-à-dire dangereuses), mais aussi les bactéries de la flore normale du perroquet. Les bactéries de la flore ont plusieurs rôles essentiels : certaines produisent ou absorbent des vitamines, d'autres aident à la digestion, en plus de protéger l'oiseau contre certains microbes.

Nous avons vu des perroquets qui, au départ, souffraient de problèmes qui n'étaient pas bactériens, tels œuf retenu, parasite, diabète, problème métabolique ou empoisonnement, etc., et qui, « soignés » par leur propriétaire avec un ou deux ou même plusieurs antibiotiques, sont morts à la suite du traitement. Ce n'est pas la maladie primaire qui les a tués, c'est le mauvais traitement qui a permis aux levures et aux champignons d'envahir leur système respiratoire.

Votre perroquet est entièrement dépendant de vous quant à sa survie. Même s'il parle, il ne peut vous expliquer ses problèmes. Vous êtes responsable de lui. Souvenez-vous que les traitements maison sont à éviter. Ils sont le plus souvent inappropriés et même dangereux.

Les virus

Des virus comme l'herpès ou le pox (responsable de la variole) peuvent contaminer le perroquet. Les lignées de virus en cause sont spécifiques à l'oiseau et vous n'avez rien à craindre pour votre santé. Cependant, chez le perroquet, les infections virales sont de plus en plus fréquentes et la plupart sont mortelles. Nos compagnons à plumes auraient-ils perdu leur immunité ou sommes-nous simplement plus attentifs à ces infections ?

Les signes sont très variables selon la cause : écoulements nasal et oculaire, éternuements, perte de la voix, problèmes de peau, problèmes digestifs, amaigrissement. On reconnaît de plus en plus l'importance des virus chez les oiseaux.

Actuellement il n'existe pas de traitement efficace pour détruire les virus. C'est le système immunitaire qui doit s'en charger. En revanche, la recherche pourrait nous offrir de nouvelles issues.

Les antibiotiques sont souvent utilisés, non pour traiter le virus, mais pour contrôler les infections bactériennes secondaires. Une bonne alimentation, un environnement calme et propre et de bons soins sont essentiels. Le vaccin contre la maladie de Pacheco (une maladie virale mortelle) peut s'avérer particulièrement utile si votre perroquet doit vivre avec plusieurs autres oiseaux. Les Conures sont reconnus pour être des porteurs asymptomatiques de cette maladie (c'est-à-dire qu'eux-mêmes n'en souffrent pas). Malheureusement, ce vaccin a eu des effets secondaires graves et est maintenant réservé à des cas particuliers.

Certains vaccins sont en voie de développement. Ainsi, un vaccin contre le polyomavirus (maladie mortelle auprès des jeunes oiseaux) et un autre contre le Psittacine Beak and Feather Disease Syndrome (PBFDS) sont actuellement à l'étude. En fait, de nombreux élevages ont commencé à vacciner les jeunes oiseaux contre le polyomavirus avec, semble-t-il, d'excellents résultats. Grâce à la recherche, d'autres vaccins devraient être proposés dans un proche avenir. Votre vétérinaire vous en informera.

La maladie de Pacheco

La maladie de Pacheco est causée par un virus (de type herpès) que peuvent transporter certains Conures sans en être affectés. Pour les autres perroquets, ce virus est cependant mortel et extrêmement contagieux. Nous recommandons de séparer les Conures des autres espèces de perroquets, même si, récemment, il y a eu des cas rapportés chez d'autres espèces de perroquets qui étaient aussi porteurs sains de ce virus. Un vaccin est offert, mais on a constaté des effets secondaires.

Les corps étrangers

Des corps étrangers (graines, morceau de bois, papier, etc.) qui iraient se loger dans la trachée peuvent entraîner une difficulté respiratoire intense et subite. Le perroquet fera aussi des efforts pour régurgiter et se gratter la bouche avec le doigt. Appelez d'urgence un vétérinaire et rendez-vous immédiatement à la clinique.

Si vous pensez que votre perroquet s'étouffe tellement qu'il peut mourir avant d'être vu par le vétérinaire, essayez de lui ouvrir le bec et, si vous pouvez voir le corps étranger, tentez de l'extraire avec des pinces à pointes rondes. Attention, si vous êtes maladroit ou trop nerveux, vous pourriez par mégarde pousser le corps étranger plus profondément.

À la clinique, le perroquet pourra recevoir de l'oxygène et, si le corps étranger n'est pas visible dans la bouche, on prendra des radiographies et on entreprendra un traitement adéquat, souvent grâce à l'endoscopie.

Les maladies du foie, des reins, du pancréas et d'autres organes

Tous les organes internes d'un perroquet peuvent être éventuellement atteints par la maladie. Les causes sont multiples : bactérie, virus, fongus, cancer, toxine, problème métabolique, etc. Comme on ne voit pas ces organes au cours de l'examen et comme les signes d'atteinte interne sont très variables, il est difficile de poser un diagnostic.

Souvent, l'oiseau présente des symptômes très vagues, comme une diminution ou une augmentation de l'appétit, une perte de poids, une diminution de l'activité, des selles plus liquides, des urates plus jaunes...

Le vétérinaire aura souvent besoin de recourir à des examens du sang et à des radiographies pour poser son diagnostic. Les maladies du foie sont les plus fréquentes et sont dues pour une bonne part à une diète trop riche en gras. L'excès de gras se dépose dans le foie et détruit les cellules normales (le foie gras que nous mangeons en pâté est en fait le foie d'oiseaux gavés avec une nourriture trop grasse).

Le traitement varie selon la cause de la maladie et l'organe atteint. N'attendez pas pour consulter un vétérinaire si votre oiseau ne semble pas frais et dispos, car plusieurs lésions aux organes internes sont irréversibles.

Les bosses et les enflures

Tous les jours, prenez le temps d'examiner rapidement l'apparence de votre perroquet. Y a-t-il des plumes déplacées, des enflures étranges, des endroits où l'oiseau se gratte excessivement ? Oui ? Votre oiseau a évidemment un problème, mais lequel ? Cela est beaucoup plus difficile à dire ! Seul le vétérinaire peut adéquatement identifier et traiter les problèmes d'enflure. Parfois, l'examen peut suffire, d'autres fois, il sera nécessaire de procéder à des ponctions ou à des biopsies des masses. Toute bosse n'est pas nécessairement un abcès ou une tumeur ! Voyons ici quelques-unes des causes d'enflure les plus fréquentes.

Les hématomes

Un hématome est une accumulation de sang sous la peau (on parle d'un « bleu » chez l'homme) qui survient à la suite d'un choc ayant amené la rupture d'un vaisseau sanguin. Un oiseau, dont le sang est lent à coaguler (comme chez les hémophiles), pourra avoir des hématomes spontanément sans traumatisme. L'hématome est mou, non douloureux, bleu ou rouge vin.

Traitement

Aucun. L'hématome va disparaître avec le temps. Essayer de l'ouvrir ne fera que déclencher une hémorragie. Si on soupçonne des problèmes de coagulation, on doit essayer d'en trouver la cause et la traiter, si possible.

Les hernies

Une hernie est le passage d'un organe en dehors de sa cavité normale. Par exemple, si le muscle de l'abdomen est déchiré, les intestins vont sortir sous la peau et former une bosse molle, fluctuante, près de l'anus, qu'on peut manuellement repousser dans l'abdomen.

Les hernies peuvent être héréditaires, causées par accident ou par une faiblesse de la paroi musculaire (ce qui est fréquent chez les oiseaux qui pondent beaucoup).

Traitement

Dans plusieurs cas, une chirurgie qui referme le muscle abdominal est nécessaire.

Les plumes enkystées

Très rare chez le perroquet, le problème des plumes enkystées semble être héréditaire. La plume atteinte pousse dans son follicule sous la peau. On note la présence d'une bosse très dure, parfois ulcérée, contenant des débris de plumes.

Traitement

Il s'agit d'ouvrir le kyste (par une opération chirurgicale), de le nettoyer et d'y appliquer un antibiotique. Attention, ce problème risque de réapparaître au site d'intervention ou ailleurs. Il n'existe pas de prévention, sinon de ne pas utiliser les oiseaux atteints pour la reproduction.

L'emphysème sous-cutané

L'emphysème sous-cutané est une accumulation d'air sous la peau. Ce problème est rare et parfois spectaculaire. La bosse d'air peut être énorme, déformant complètement l'apparence de l'oiseau en quelques heures. Elle se produit à la suite de la rupture d'un sac aérien ou d'un os creux. Les causes les plus fréquentes sont un traumatisme ou une infection des sacs aériens. Parfois aussi, ce problème peut apparaître spontanément.

Traitement

Le traitement est complexe. Même lorsqu'on les vide avec une aiguille, ces bosses d'air vont souvent réapparaître. On recommande, si le perroquet les supporte, l'utilisation de bandages compressifs. Si le problème résulte d'une fracture (le plus souvent du fémur ou de l'humérus), on pratiquera d'abord une réduction de la fracture. Les rechutes sont fréquentes, mais la plupart des oiseaux s'en accommodent malgré une apparence inesthétique.

La goutte

La goutte est une affection métabolique causée par une augmentation de l'acide urique dans le sang. Son origine exacte est inconnue. Lorsqu'il y a trop d'acide urique, le rein ne peut plus l'éliminer sous forme d'urates (la partie blanche des excréments est en fait de l'acide urique concentré) et l'acide se dépose, soit sur les organes internes (on parle alors de goutte viscérale), soit dans les articulations, surtout dans les pattes (on parle alors de goutte articulaire).

Si votre perroquet est atteint de goutte articulaire, vous remarquerez de petites enflures blanchâtres multiples sur ses doigts et une boiterie évidente.

Traitement

Il n'existe pas de cure miracle. On peut essayer de changer l'alimentation (en diminuant l'ingestion de protéines, qui sont transformées en acide urique dans le système). On tentera de procurer plus de confort à l'oiseau (en couvrant les perchoirs de tissu, en lui fournissant des perchoirs de diamètres différents, en lui rendant la nourriture et l'eau plus facilement accessibles). Certains médicaments peuvent aussi faire baisser le taux d'acide urique, mais leur effet est limité. Parfois, on peut essayer d'enlever chirurgicalement ces dépôts ; cependant, l'opération est douloureuse, et la guérison lente et incertaine.

Les abcès

Les abcès (accumulation de pus) sont assez fréquents chez les perroquets. Contrairement à celui des mammifères, le pus des oiseaux n'est pas liquide, mais le plus souvent solide (comme du fromage à pâte ferme). Un abcès est donc constitué d'une masse dure, bien localisée et parfois douloureuse.

Ils sont situés le plus souvent au-dessus des yeux, à la gorge, dans la bouche ou sous les pattes. L'hypovitaminose A prédispose aux abcès.

Traitement

Si possible, un abcès devrait être ouvert et vidé de son pus, puis nettoyé à l'aide d'une solution antibiotique. Le vétérinaire suggérera souvent de faire une culture de ce pus pour identifier la bactérie responsable. Le perroquet recevra des antibiotiques systémiques pendant plusieurs jours et des suppléments de vitamine A, si nécessaire.

Les abcès sous les pattes sont très difficiles à traiter et même souvent incurables. Les abcès dans la bouche ou sur la langue sont aussi dangereux. Ils peuvent devenir si gros qu'ils étouffent l'oiseau.

N'attendez pas avant de consulter un vétérinaire et ne donnez pas d'antibiotiques à votre perroquet sans prescription.

Les tumeurs

Les tumeurs sont malheureusement extrêmement fréquentes chez les oiseaux. La durée de vie d'un perroquet est très longue et plus il vieillit, plus les risques d'être atteint d'un cancer augmentent (même si de jeunes oiseaux sont parfois atteints).

Les tumeurs peuvent avoir des couleurs, des formes, des consistances et des localisations extrêmement variables. En bref, cela peut ressembler à n'importe quoi !

Une tumeur peut être bénigne (c'est-à-dire non cancéreuse) ou maligne (cancéreuse). Une tumeur bénigne, même si elle peut parfois réapparaître au même endroit après avoir été enlevée, n'envahira pas les organes internes de l'oiseau et, en règle générale, ne le tuera pas. Par contre, une tumeur maligne va envahir lentement le système du perroquet et le tuer à plus ou moins longue échéance. Il est donc important de distinguer l'une de l'autre.

Traitement

Toutes les masses suspectes devraient être enlevées chirurgicalement, si c'est possible. Sinon, on pratiquera une biopsie, c'est-à-dire qu'on enlèvera un petit morceau de la masse qui sera envoyé à un laboratoire pour identification.

Il n'existe pas de traitement pour plusieurs cancers chez l'humain. N'attendez donc pas de miracle de votre vétérinaire. Si ce dernier pouvait guérir le cancer, il aurait sûrement un prix Nobel!

L'obésité

L'obésité fait partie de la section «Les bosses et les enflures», parce que certains perroquets trop gras donnent réellement l'impression d'être couverts de bosses. L'obésité entraîne des problèmes de cœur, de foie et de peau. Elle doit être considérée comme une maladie et des mesures appropriées devraient être prises. Le développement de certaines tumeurs appelées lipomes (c'est-à-dire dépôt de lipides, donc de gras) est directement relié à l'obésité. Vous noterez alors la présence de masses fermes, jaunâtres, au niveau du thorax et de l'abdomen. En règle générale, ces tumeurs sont bénignes, mais elles peuvent gêner le perroquet au point qu'il ne peut plus voler, qu'il s'automutile ou qu'il a de la difficulté à déféquer, l'anus étant bloqué par le gras.

Traitement

Vous devez diminuer les quantités de graines et d'aliments riches en gras (tournesol, arachides, etc.) que vous lui offrez, augmenter l'apport de fruits et de légumes, lui faire faire plus d'exercice et être patient! Le perroquet gourmand privé de nourriture pourra hurler pour exiger ses graines. Pensez à sa santé et ne capitulez pas! Enfin, les gros lipomes devront être excisés. Idéalement, le perroquet obèse devrait recevoir une moulée équilibrée.

Les problèmes de la glande uropygiène

Certains perroquets ont une glande située sur le dos, juste à la base de la queue, qui produit des huiles aidant à la lubrification du plumage. Les Aras et les Africains gris, entre autres, possèdent cette glande, mais elle n'existe pas chez l'Amazone.

Une augmentation de volume de cette glande peut être causée par un simple blocage du canal de la glande, par un hématome, un abcès ou une tumeur. Malheureusement, on voit beaucoup plus de tumeurs et elles sont le plus souvent malignes. Inquiétez-vous donc de toute enflure à la base de la queue. Si une tumeur maligne est enlevée assez tôt, le sang n'aura parfois pas eu le temps d'être envahi par des cellules cancéreuses.

Les masses au niveau de l'anus

Si votre perroquet a de la difficulté à déféquer, s'il se gratte au niveau de l'anus, s'il y a du sang frais dans ses selles ou si vous voyez une protubérance anormale à l'anus, il peut s'agir d'un prolapsus (c'est-à-dire d'une sortie à l'extérieur d'un organe normalement interne) de l'intestin ou de l'utérus. Consultez immédiatement un vétérinaire.

On voit de plus en plus fréquemment différentes sortes de tumeurs de l'anus (plus justement appelé cloaque chez l'oiseau). On parle de papillome. Cette maladie est virale et doit être considérée comme contagieuse.

Traitement

Les papillomes sont très difficiles à traiter. On a essayé la chirurgie, l'électro-chirurgie (on coupe avec un courant électrique), la cryo-chirurgie (on détruit la tumeur en la congelant) et plusieurs médicaments, mais les rechutes sont fréquentes.

Isolez l'oiseau atteint. Ne pas l'utiliser pour la reproduction est la meilleure prévention.

Les problèmes reliés aux plumes

Qu'est-ce qu'une mue normale ?

Avant de décrire les conditions pathologiques des plumes, nous devons comprendre ce qu'est la mue normale.

Certaines personnes mal renseignées considèrent la mue comme une maladie et s'empressent d'utiliser des produits « contre la mue » ou aspergent leurs oiseaux de différents médicaments (antimites et anti-picage).

Ces produits sont complètement inutiles lors de la mue et peuvent parfois être nocifs. Par exemple, les insecticides contenus dans les produits pour détruire les mites sont dangereux et, s'ils sont mal dosés, ils peuvent intoxiquer l'oiseau.

La mue est un phénomène normal (et non une maladie) qui se produit une ou deux fois par année. L'oiseau perd alors graduellement, sur une période de plusieurs semaines, toutes ses anciennes plumes, qui sont remplacées au fur et à mesure par des nouvelles. Dans la nature, le perroquet mue au printemps et à l'automne. En captivité, il est important d'essayer de respecter ce rythme en diminuant les heures de lumière l'automne et en les augmentant au printemps. Comme cela n'est pas toujours possible, votre perroquet peut parfois muer une seule fois ou, au contraire, trois fois ou plus par année.

Certains facteurs émotionnels peuvent aussi déclencher la mue, tel un déménagement, l'entrée dans la maison d'un nouvel animal, une frayeur intense…

Dans tous les cas de mue normale, vous ne devriez jamais voir de zones déplumées et l'oiseau devrait rester actif et de bonne humeur. Bien sûr, il semblera se gratter plus que d'habitude, parce qu'il doit enlever avec son bec le cylindre de kératine (la couche dure et transparente) qui recouvre chaque nouvelle plume. Cela explique l'importante quantité de « pellicules » que vous retrouverez au fond de la cage durant la mue. Il s'agit en fait de l'écorce des plumes et non de parasites ou de peaux séchées.

Lorsque de nouvelles plumes repoussent sur la tête de l'oiseau, il ne peut évidemment les atteindre avec son bec et elles resteront beaucoup plus longtemps dans leur enveloppe de kératine. Votre perroquet pourra donc temporairement arborer une coiffure « punk », c'est-à-dire avoir la tête couverte de piquants. Ne vous inquiétez pas, ce ne sont que de nouvelles plumes qui peuvent même avoir, au début de leur croissance, une jolie couleur rouge. Si votre perroquet aime que vous lui caressiez la tête, vous pouvez délicatement presser sur ces plumes et ainsi briser l'écorce de kératine. S'il crie ou s'il recule, c'est que la plume est trop jeune et encore sensible. Attendez un peu.

Au cours de la mue, certaines précautions sont cependant à prendre :

- Augmenter la température ambiante. Le perroquet en mue a moins de plumes et est donc plus sensible au froid.
- Diminuer le stress. La mue est un moment difficile et le système immunitaire de l'oiseau est plus faible.
- S'assurer que l'alimentation de l'oiseau est optimale et qu'il reçoit quotidiennement des suppléments de vitamines et des minéraux. Si la mue est importante, vous pouvez l'aider en augmentant la quantité de vitamines habituelle.

Les maladies du plumage

Si le plumage de votre perroquet présente des anomalies, comme un changement de couleur, des plumes déformées, des plumes coupées ou cassées, des zones déplumées, des zones où il ne reste que le duvet, ou s'il perd constamment des plumes depuis plusieurs mois et se gratte de façon excessive, il ne s'agit pas d'une mue normale.

Les causes d'anormalités en ce qui concerne le plumage sont multiples, mais on peut *grosso modo* les classer en quatre catégories :

- Les maladies de peau, comme les infections, les cancers, les plumes enkystées et les allergies.
- Les affections dues à des parasites externes, tels les mites et les poux.
- Les problèmes internes, tels les affections du foie, les débalancements hormonaux, les maladies virales et bactériennes, les parasites internes et la malnutrition.
- Les problèmes d'origine émotionnelle : par exemple, un perroquet arrache ou abîme ses plumes pour des raisons purement psychologiques.

Même si certains de ces problèmes sont bénins, vous devriez toujours consulter un vétérinaire lorsqu'une anomalie au niveau du plumage se présente. Peut-être s'agit-il d'une mue normale, un peu rapide, ou d'une banale parasitose, mais votre perroquet pourrait aussi être atteint d'une maladie grave.

Pourquoi votre oiseau a-t-il un plumage terne et abîmé ?

Plusieurs perroquets, par ailleurs bien portants, ont comme seul problème un plumage sec, effiloché et sans éclat. Les causes sont nombreuses :

- Il s'agit d'un oiseau récemment importé. Il a été soumis à des stress éprouvants, comme le transport et la quarantaine, et n'a pas vraiment eu le désir d'entretenir son plumage convenablement. Le plumage s'améliorera à la prochaine mue.

- Certains bébés perroquets séparés très jeunes de leurs parents pour être nourris à la main par l'éleveur n'ont tout simplement pas eu le temps d'apprendre comment entretenir leur plumage. En effet, certains comportements sont acquis, c'est-à-dire qu'ils n'apparaissent que si le jeune peut observer le geste chez un adulte. Le jeune perroquet qui ne sait pas comment lisser son plumage devrait être gardé pendant quelque temps non loin d'oiseaux adultes. Il apprendra vite à les imiter.
- Votre perroquet souffre de malnutrition. En effet, une mauvaise alimentation est, le plus souvent, la cause d'un plumage terne. Vérifiez donc soigneusement si votre oiseau reçoit tous les éléments nécessaires à un régime équilibré.
- Si, lors de la mue, l'oiseau a subi un stress important, tels un déménagement, une maladie ou une variation brusque de son régime alimentaire, ses plumes seront striées de petites lignes noires horizontales qu'on appelle « lignes de stress ». Seule une mue subséquente sans problème remplacera les plumes abîmées par des plumes intactes.
- Malheureusement, il arrive que certains oiseaux aient un mauvais plumage à la suite de l'application, sans discernement, de certains produits et de médicaments. On devrait tenir l'oiseau loin de toutes les substances huileuses (onguent, crème, huile, corps gras). Elles rendent les plumes grasses et collantes, et le plumage de l'oiseau n'est alors plus efficace comme protection contre le froid. De plus, l'oiseau, en se nettoyant, peut ingérer ces produits et s'intoxiquer.

Mon oiseau s'arrache les plumes, que faire ?

Si votre perroquet arbore un plumage abîmé, c'est peut-être aussi parce qu'il s'automutile. Comment réagir ?

La plainte la plus fréquente concernant le problème relié au plumage est sans nul doute la suivante : « Mon oiseau se gratte et il s'arrache les plumes. » L'oiseau qui présente ces symptômes commence par avoir un peu moins de plumes sous les ailes, ou sur les cuisses, pour plus tard n'être couvert que de duvet sur tout l'abdomen et finalement être complètement dénudé, à l'exception de la tête (il lui est impossible de s'arracher les plumes sur la tête !). N'attendez donc pas que votre perroquet ressemble à un poulet prêt à cuire pour agir.

- Consultez un vétérinaire. Selon le cas, des analyses sanguines, des cultures de bactéries, des radiographies et même des biopsies de la peau peuvent être nécessaires pour découvrir la cause du problème.
- Les causes les plus fréquentes de picage sont les désordres émotionnels et les maladies internes. Les parasites externes, quoique fréquemment soupçonnés, sont très rares chez le perroquet. Si toutes les analyses de laboratoire sont normales, votre perroquet s'arrache probablement les plumes pour des raisons psychologiques. Dans ce cas, le traitement peut être long et difficile. Vous devez premièrement essayer de modifier son environnement : changer la cage de place, passer plus de temps avec lui, lui acheter de nouveaux jouets, améliorer sa nutrition, etc. Parfois, ce qui lui manque vraiment, c'est un compagnon du sexe opposé, et bien sûr, il ne vous est pas toujours possible de combler ce désir. Parfois aussi, le perroquet commence à s'automutiler à la suite d'un changement brusque de sa routine habituelle (déménagement, nouvelle cage, nouvel animal dans la maison…) et même si vous corrigez la situation (en le remettant dans son ancienne cage, par exemple), il peut avoir pris l'habitude de s'arracher les plumes et continuer à se mutiler, comme certaines personnes se rongent les ongles sans même s'en rendre compte.
- Les solutions anti-picage à base de produits répulsifs qu'on vaporise sur le plumage sont rarement efficaces ; certaines sont même toxiques. On peut toujours essayer un collier d'Élisabeth (sorte de cône accroché dans le cou de l'oiseau qui l'empêche d'avoir accès à son plumage). Le collier devrait être laissé en place pour une période de six à huit semaines. Cependant, dès que le collier est

enlevé, près de 50 p. 100 des perroquets recommencent de plus belle à se mutiler.

Le collier devrait de préférence être mis en place par un vétérinaire qui doit d'abord s'assurer que le perroquet n'a aucun problème physique. Il serait en effet réellement cruel de poser un collier à un oiseau qui se gratte pour se soulager. Avec le collier, il ne pourrait, bien sûr, se mutiler, mais la démangeaison persisterait et il souffrirait beaucoup.

Certains perroquets refusent de vivre avec un collier et cessent complètement de s'alimenter si on leur en impose un. C'est pourquoi nous recommandons une période d'observation de 24 à 48 heures à l'hôpital, après la pose du collier, pour s'assurer que tout va bien. Dans d'autres cas, ce n'est pas le perroquet qui refuse le collier, mais le collier qui ne résiste pas au perroquet. En effet, nous avons vu certains perroquets détruire des colliers de n'importe quel modèle en quelques minutes!

- Les perroquets Gris d'Afrique et les Cacatoès Goffin sont les races les plus fréquemment touchées par le picage d'origine émotionnelle.

Le virus de la maladie des plumes et du bec des perroquets (Psittacine Beak and Feathers Disease PBFD)

Évoquons rapidement le syndrome de la maladie des plumes et du bec, une maladie particulière, parce qu'elle est mortelle et plus fréquente qu'on ne le pense. Elle est causée par un virus qui ressemble à celui du sida, c'est-à-dire qu'il entraîne chez l'oiseau atteint une diminution de l'efficacité du système immunitaire. N'ayez cependant aucune crainte, le perroquet ne peut donner cette maladie à l'homme. Elle atteint surtout les Cacatoès, et en particulier le Cacatoès des Moluques, mais tous les perroquets peuvent en souffrir.

Comme premier symptôme, vous remarquerez que les plumes perdues lors d'une mue normale sont remplacées par des plumes difformes qui tombent rapidement. Parfois, le bec est friable, inégal et envahi de matériel purulent. L'oiseau maigrit et, finalement, peut mourir d'infections secondaires s'il n'est pas euthanasié avant, afin de lui éviter des souffrances inutiles. Si vous avez le moindre doute que votre oiseau puisse être atteint par ce virus, conservez les plumes qu'il perd pour les faire examiner par votre vétérinaire dès que possible.

Malgré des recherches intensives, il n'existe pas pour le moment de remède à cette maladie.

Les parasites externes

Les parasites externes (mites et poux) sont très rares chez les perroquets. Certains sont visibles à l'œil nu; dans ce cas, recueillez un spécimen (vous pouvez, par exemple, appliquer un papier collant sur le parasite pour l'immobiliser et le conserver) et apportez-le pour identification chez un vétérinaire, qui pourra vous suggérer le traitement approprié. D'autres parasites vivent sous la peau ou dans le follicule des plumes et ne peuvent être isolés, ou sont si petits que seul un examen microscopique peut les déceler. Le traitement varie selon l'espèce de parasite en cause.

Si vous n'êtes pas certain que votre perroquet a des parasites, ne le traitez pas avec un médicament offert sans ordonnance qui ne vous a pas été recommandé par un vétérinaire.

Plusieurs infestations parasitaires peuvent être éliminées à l'aide d'un médicament injectable efficace et sécuritaire, administré par les vétérinaires.

La cage devra toujours être bien désinfectée.

Et rappelez-vous qu'il ne faut pas conclure sur-le-champ qu'un perroquet qui se gratte a des parasites: c'est, en réalité, une des causes les moins fréquentes du picage.

Les parasites internes

Les vers ronds, les vers plats, les douves et les protozoaires peuvent parfois infecter le perroquet. Ces parasites peuvent entraîner un amaigrissement chronique, de l'anémie, du picage, de la diarrhée et même la mort.

Faites donc analyser les selles de votre perroquet. Si nécessaire, le vétérinaire prescrira un parasiticide approprié.

Les problèmes de la reproduction

Comme la reproduction est rare en captivité, les problèmes qui y sont reliés le sont aussi. En voici quelques-uns.

Le picage

Le perroquet s'arrache les plumes lorsqu'il ne peut pas s'accoupler (voir « Les problèmes reliés aux plumes », p. 112). C'est sans doute le problème lié à la reproduction le plus fréquent.

Les œufs retenus

Il peut arriver qu'une femelle perroquet ne puisse pondre son œuf pour différentes raisons : œuf trop gros ou difforme, femelle trop âgée ou trop jeune, manque de calcium, environnement inadéquat… Un œuf normal est formé et expulsé en 26 heures environ. Si un perroquet a un œuf dans l'abdomen depuis plus de 36 heures, c'est anormal et on parle alors d'œuf retenu. L'oiseau se tient au fond de la cage ou dans le nid, a l'abdomen distendu, fait des efforts pour déféquer et semble mal à l'aise. Si vous soupçonnez que c'est le cas de votre perroquet, consultez un vétérinaire. Une radiographie pourra confirmer le diagnostic. Selon le cas, des injections de calcium, une extraction manuelle ou une césarienne seront pratiquées.

Si vous ne pouvez consulter immédiatement un vétérinaire, mettez votre femelle perroquet dans un environnement chaud (30 °C) et augmentez le taux d'humidité ambiant. Si l'oiseau est alerte et accepte de manger, offrez-lui du fromage ou du yaourt. Ils constituent une bonne source de calcium.

N'essayez pas d'extraire l'œuf vous-même. Des manipulations inadéquates pourraient le casser dans l'utérus et entraîner la mort de votre perroquet.

La péritonite

L'inflammation de la cavité abdominale, à la suite de la rupture d'un follicule (le jaune de l'œuf), est un accident souvent fatal. Le follicule peut se briser à la suite d'un traumatisme, de manipulations trop brutales et, parfois, sans aucune cause évidente. Malgré des traitements intensifs, le taux de mortalité est élevé.

La masturbation

Ce comportement est assez rare, mais certains perroquets mâles ou femelles ont tendance à sublimer leur instinct de reproduction en mimant la copulation, en se frottant rythmiquement la queue sur leurs perchoirs ou sur la main de leur propriétaire lorsqu'ils lui sont très attachés. Ce comportement gêne plus qu'il ne dérange.

Solutions

- Remettez votre perroquet dans sa cage s'il a tendance à vous considérer comme une femelle à accoupler.
- Laissez faire la nature !

L'agressivité

En période de rut, le perroquet, peu importe son sexe, peut faire preuve d'une agressivité déplacée envers votre conjoint ou vos enfants, entre autres personnes. Jaloux, il repousse toute caresse des autres et peut même vous mordre si vous ne lui accordez pas toute votre attention. S'il vit avec un autre oiseau qui repousse ses avances, le perroquet peut être désagréable et attaquer le compagnon.

Solutions

- Si le perroquet est agressif, séparez-le de son conjoint pour quelques jours et ne remettez les oiseaux ensemble que sous surveillance.
- N'encouragez pas l'attachement exclusif de votre oiseau à une seule personne de la maisonnée.
- S'il vous mord, vous ou un membre de la famille, obligez-le à venir sur votre doigt ou sur une perche et grondez-le avec sérieux. Vous devez maintenir votre statut de dominant, sinon vous allez perdre le contrôle.

Le prolapsus de l'utérus

Si vous remarquez une boule rougeâtre et sanguinolente pendue à l'anus de votre perroquet femelle, il s'agit probablement d'un prolapsus de l'utérus qui peut, ou non, contenir un œuf. C'est un problème extrêmement grave, souvent mortel, et nécessitant l'intervention immédiate d'un vétérinaire.

Le prolapsus est en fait la descente à l'extérieur du corps de l'oiseau d'une partie de son utérus. On note ce problème à la suite d'une ponte particulièrement difficile, quand l'oiseau a dû faire de gros efforts pour expulser l'œuf. Parfois, celui-ci se trouve encore dans l'utérus. Une ponte excessive, un manque de calcium dans l'alimentation et une trop faible humidité ambiante sont quelques-uns des facteurs causant ce problème. Le vétérinaire devra, s'il y a lieu, extraire l'œuf, puis replacer l'utérus dans la cavité abdominale, s'il n'est pas trop endommagé ni infecté ; sinon, l'hystérectomie (l'ablation de l'utérus) sera nécessaire. Des antibiotiques et des traitements de support seront également requis pendant plusieurs jours. Le taux de mortalité à la suite de cette affection est malheureusement élevé, même avec les meilleurs soins.

L'hypocalcémie

Ce problème de manque de calcium sanguin est directement relié à une ponte excessive ou même à une ponte normale chez un oiseau ayant une alimentation déficiente en calcium.

Symptômes : œufs mous à coquilles inégales ou tachées de sang, œufs retenus, ponte difficile, fractures des membres sans accident majeur, douleur ou paralysie d'une ou des deux pattes, convulsions et même mort.

Traitement

- Augmentez le calcium dans l'alimentation.
- Consultez un vétérinaire si les signes sont sérieux. Des injections de calcium seront souvent nécessaires.

Les problèmes des œufs et des oisillons

Œufs infertiles, mous, difformes ou tachés de sang

Évidemment, si vous n'avez qu'un seul oiseau, l'œuf sera infertile, mais, même si vous avez un couple, plusieurs facteurs peuvent entraîner une couvée sans éclosion : parents trop jeunes et inexpérimentés, mâle ou femelle infertile, incompatibilité entre les deux, environnement inadéquat, etc.

Un œuf mou, difforme ou taché de sang n'aura que peu de chances d'éclore, mais vous devriez alors vous inquiéter surtout de la femelle, car ces signes annoncent des problèmes comme la rétention des œufs et l'hypocalcémie.

Mortalité des oisillons

Dans la nature, un certain taux de mortalité infantile est habituellement considéré comme normal. Ne soyez donc pas trop déçu si la première couvée contient un petit oisillon mort-né. Si le problème se reproduit, vous devrez faire examiner les parents (qui peuvent transmettre certaines maladies à l'œuf ou à l'oisillon) et même faire autopsier les bébés. La mortalité chez les oisillons plus âgés peut également signaler une malformation congénitale, une maladie ou même révéler l'inexpérience des parents, qui ne nourrissent pas suffisamment les jeunes. Vous devrez nourrir les oisillons à la main si vos oiseaux sont vraiment de mauvais parents (voir p. 156). Un oisillon malade dépérit encore plus vite qu'un adulte et il est très difficile de le traiter et de le guérir ; n'attendez pas pour consulter un vétérinaire.

Problèmes avec les oisillons nourris à la main

Les oisillons sont très fragiles et rien n'est plus triste que de les voir dépérir. Consultez un vétérinaire dès que possible si vos jeunes perroquets ne se développent pas normalement.

Pour les oisillons nourris à la main, les problèmes potentiels sont énormes et le plus souvent reliés à l'inexpérience du propriétaire. Voici quelques points importants à considérer.

- Soyez généreux en temps et en investissement émotif. Les bébés oiseaux ne peuvent pas attendre la fin de votre grasse matinée du dimanche ; les horaires irréguliers sont pour eux un stress et une source de maladie, sinon une cause de mortalité. En plus de nourrir les bébés, vous devrez jouer avec eux et les socialiser. Pensez-y !
- Respectez une hygiène stricte, lavez vos instruments et lavez-vous les mains entre chaque manipulation d'oisillons. Gardez l'environnement et les oiseaux au propre et au chaud.
- Utilisez une nourriture de qualité ; respectez scrupuleusement les quantités à mélanger. Une nourriture trop liquide ou trop épaisse amènera inévitablement des problèmes de malnutrition.
- Attention à la température du mélange, l'idéal : 37 °C à 39 °C. Si le mélange est trop chaud ou trop froid, vous aurez des problèmes, entre autres, de brûlures au niveau du jabot ou de stases digestives.

- Procurez-vous une balance à oiseau précise (une balance à aliments de qualité est adéquate). Pesez vos oisillons tous les jours et consultez un vétérinaire si le poids du bébé ne cesse de diminuer ou chute de façon sérieuse.
- Vérifiez le jabot (partie de l'estomac qui fait une bosse dans le cou de l'oiseau après les repas) ; il devrait se vider complètement en quelques heures. Sinon, il y a un problème et une consultation chez le vétérinaire s'impose.

L'infertilité

Très fréquente chez les perroquets, l'infertilité a de multiples causes telles que les erreurs de sexage, l'incompatibilité entre les oiseaux, les problèmes hormonaux, les problèmes des organes reproducteurs mâles et femelles, la malnutrition, le stress, l'environnement inadéquat, etc. Le plus souvent, ce problème est multifactoriel et difficile à régler. En fait, en captivité, à l'exception d'élevages reconnus, la reproduction est rare, et même si vous possédez un couple de perroquets, vous n'aurez peut-être pas la chance de les voir se reproduire.

La mort subite

S'agit-il vraiment d'une mort subite ?

Nous ne souhaitons à personne de trouver son perroquet mort dans sa cage, sans aucun signe avant-coureur. Malheureusement, ce cas se présente parfois et de nombreuses autopsies nous ont enseigné que la majorité de ces morts ne sont pas vraiment des morts subites, mais des cas où l'oiseau a si habilement caché ses symptômes que le propriétaire inexpérimenté n'a pas pu les identifier. Soyez attentif au comportement de votre perroquet. Un oiseau mort en état de maigreur extrême n'est pas mort d'une crise cardiaque ou d'un empoisonnement aigu. Il était malade depuis déjà quelque temps et aurait peut-être pu être sauvé si un vétérinaire avait été consulté.

Les causes de mort subite

Les hémorragies internes, les infections fulgurantes, les empoisonnements (notamment ceux provoqués par les vapeurs d'une poêle en téflon surchauffée), la péritonite et différents cancers peuvent causer une mort rapide et presque sans symptôme. Certains de ces troubles ne comportent pas de risques de contagion, mais vous devriez toujours demander une autopsie à votre vétérinaire si votre perroquet meurt subitement, car des virus et des bactéries peuvent aussi être en cause.

L'euthanasie

Même s'il ne s'agit pas d'un sujet très réjouissant, il nous apparaît important, en terminant ce chapitre sur les maladies, de discuter de l'euthanasie, dite « mort douce et sans souffrance », utilisée pour abréger les souffrances d'un malade incurable ou pour des motifs d'ordre éthique.

La médecine n'a pas, hélas ! vaincu toutes les maladies chez l'être humain, comme en témoignent les hôpitaux remplis de malades incurables. En médecine vétérinaire, nous pouvons mettre fin aux souffrances d'un malade en lui injectant une très forte dose de barbituriques. N'ayez crainte, la mort est très rapide et non douloureuse.

Si, malheureusement, votre oiseau est atteint de cancer généralisé, de blessures majeures, de maladies débilitantes ou autres, il serait peut-être plus « humain » de mettre fin à ses jours.

Les autres méthodes (noyade, empoisonnement, rupture du cou, gaz) sont à proscrire absolument. Il existe aussi de mauvaises raisons de se « débarrasser » d'un oiseau : on ne veut pas investir pour le faire traiter ; on n'a plus le temps de s'en occuper ; il est trop bruyant ou trop agressif, etc. Dans ce cas, il serait préférable de contacter un vétérinaire, une société protectrice des animaux, un spécialiste du comportement aviaire ou un éleveur pour envisager d'autres solutions.

Votre oiseau n'est pas un bien de consommation jetable à remplacer après usage : il est unique et vous en êtes responsable.

Les accidents

Les hémorragies

Le volume sanguin d'un perroquet est très petit comparé au nôtre. Le perroquet moyen a environ 30 ml de sang en circulation. On peut en prélever 3 ml sans trop de problèmes (pour une analyse de sang, par exemple). À la suite d'une hémorragie, il est impossible de savoir avec précision combien de sang votre perroquet a perdu. Considérez donc toute perte de sang de plus de quelques gouttes comme une urgence médicale.

Quoi faire ?

Dans un cas d'hémorragie, suivez les règles suivantes :

- Agissez rapidement, mais avec douceur. Saisissez votre perroquet avec une serviette épaisse pour ne pas vous faire mordre. Attrapez toujours la tête en premier.
- Arrêtez le saignement (voir plus loin comment procéder dans chaque cas spécifique).
- Mettez l'oiseau dans sa cage au calme et à la chaleur. Observez-le de loin.
- Si l'oiseau semble déprimé, faible ou se tient le plumage ébouriffé, s'il reste au fond de la cage ou s'il perd l'équilibre, prenez rendez-vous sans tarder avec le vétérinaire.
- Si l'oiseau semble en pleine forme, mais que le volume de sang perdu est important, ne prenez pas de risque et consultez votre vétérinaire.

À la clinique, on pourra mesurer exactement la gravité de l'hémorragie en prélevant une petite quantité de sang et en l'analysant (cela peut sembler paradoxal, mais ne vous en faites pas, ce n'est pas ce prélèvement minime qui va empirer l'état de l'oiseau). Selon les résultats, on conseillera des injections de fer, de vitamine B_{12}, de sérum et même une transfusion.

Les hémorragies des griffes

Il arrive parfois que, lors d'une coupe de griffes ou à la suite de la cassure d'un ongle par accident, la veine dans la griffe soit coupée. Si la griffe est vraiment coupée court, l'hémorragie peut être importante. Vous devez agir !

- Pressez avec vos doigts à la base de l'orteil dont la griffe saigne. Vous compresserez ainsi la veine et le sang arrêtera de couler.
- Attendez deux minutes (comptez mentalement : nous avons tendance à être impatient de vérifier si l'hémorragie est arrêtée et à relâcher trop vite).
- Relâchez la pression. Si le sang rejaillit, remettez de la pression et passez à l'étape suivante.
- Si vous avez à la maison une poudre ou des bâtonnets coagulants, appliquez-en au bout de la griffe. Essuyez le sang auparavant, car l'agent coagulant ne peut agir s'il y a trop de sang. Si vous n'avez pas d'agent coagulant, vous pouvez toujours utiliser de la farine ou du bicarbonate de sodium.
- Si l'oiseau a perdu beaucoup de sang, consultez sans tarder un vétérinaire.

Conseils

- Si vous envisagez de couper vous-même les griffes de votre perroquet, procurez-vous à l'avance un agent coagulant dans les boutiques d'animaux ou les cliniques vétérinaires.

Ara bleu et or

Amazone à front bleu

Amazone à front blanc
Amazone à front bleu

Ara bleu et or

- Ne coupez que la pointe de la griffe. Si les griffes sont très longues, coupez une petite tranche à la fois jusqu'à la longueur désirée (un quart de cercle).
- Si les griffes sont trop longues, elles peuvent rester accrochées aux perchoirs, à vos vêtements, aux barreaux ou ailleurs, et se casser. C'est douloureux pour le perroquet et cela peut entraîner une hémorragie importante. Faites donc couper les griffes régulièrement.
- Un savon pressé sur une griffe qui saigne peut aussi arrêter le sang de façon temporaire.

Les hémorragies du bec

Le bec est constitué d'un os supérieur (le prémaxillaire) et d'un os inférieur (le maxillaire) recouverts de corne. Le bec pousse sans arrêt durant toute la vie du perroquet. Chez un oiseau normal, la coupe du bec n'est pas nécessaire, car les frottements de la partie supérieure du bec sur la partie inférieure suffiront à le maintenir à une bonne longueur.

Si votre oiseau a besoin d'une coupe de bec, faites-le examiner pour en déterminer la cause.

Le bec est très vascularisé, c'est-à-dire qu'il saigne facilement s'il est coupé trop court. La coupe de bec devrait donc absolument être faite par une personne compétente.

Si, à la maison, le bec de votre oiseau vous semble trop pointu (surtout lorsqu'il vous mord), limez-le plutôt.

Si, par accident, l'oiseau casse la pointe de son bec, il saignera beaucoup. Agissez vite !

- Immobilisez la tête de l'oiseau en plaçant le pouce sous le bec inférieur et les autres doigts autour de la tête. Attention aux morsures !
- Pressez le bout du bec avec de la gaze ou une serviette propre pendant plusieurs minutes.

- Appliquez-y ensuite une poudre ou un bâtonnet hémostatiques (qui coagulent le sang). Faites attention que le perroquet n'en ingère pas, car ces produits sont toxiques.
- Si la perte de sang a été importante ou si le perroquet a de la difficulté à manger, consultez un vétérinaire.

Les hémorragies des plumes

Une plume en croissance contient une grosse veine. Si, par accident, cette plume se brise, elle saignera abondamment. C'est malheureusement un problème fréquent chez les perroquets en mue. La plume en croissance (appelée aussi plume de sang) est courte, sa vrille est large et noire et elle est entourée, sur une partie de sa longueur, par une enveloppe fibreuse.

Une plume de sang brisée agira comme un tuyau. Tant que le bout de la plume restera attaché à l'aile, le sang s'écoulera, parfois jusqu'à ce que mort s'ensuive. Quelquefois, il se formera un caillot de sang au bout du tuyau de la plume et l'écoulement sanguin cessera temporairement. Aussitôt que le perroquet battra des ailes, le caillot se détachera et l'hémorragie recommencera.

Vous constaterez souvent une hémorragie de plumes en notant la présence de gouttelettes de sang non seulement sur l'oiseau mais aussi partout sur les murs, sur les perchoirs et sur les montants de la cage. Une consultation chez le vétérinaire s'impose. Un oiseau peut mourir d'une hémorragie à cause de la maladresse d'un propriétaire qui n'a pas su extraire la plume de sang totalement. Si vous ne pouvez consulter un vétérinaire, voici comment enlever la plume vous-même.

- Enveloppez l'oiseau dans une serviette épaisse. Essayez de trouver la plume responsable de l'hémorragie. Le plus souvent, il s'agit d'une plume au bout d'une aile ou, plus rarement, d'une plume de la queue.
- S'il s'agit d'une aile, assurez-vous de maintenir fermement l'aile entre vos doigts. S'il est mal immobilisé, le perroquet peut se débattre et se fracturer l'aile.

- Pressez fermement avec vos doigts la base de la plume, là où elle entre dans la peau ; avec l'autre main ou à l'aide d'une pince, saisissez le tuyau de la plume et tirez fermement.
- Assurez-vous que vous avez réellement extrait toute la plume.
- Maintenez votre pression sur la peau pendant plusieurs minutes : plus la plume extraite est grosse, plus l'hémorragie sera difficile à arrêter. Ne vous découragez pas. Continuez d'appliquer de la pression. Si vous avez réellement enlevé toute la plume, le sang arrêtera bientôt de couler.
- N'appliquez jamais de produits coagulants sur la peau. Ces produits sont très irritants et brûleraient la peau.

Les hémorragies de la peau

Un perroquet peut parfois se déchirer la peau ou les pattes sur un objet coupant. Les hémorragies qui surviennent à la suite de coupures se contrôlent en effectuant une pression sur la plaie avec un morceau de gaze propre. Si possible, placez un bandage sur la coupure. Laissez le bandage en place jusqu'à votre visite chez le vétérinaire.

Bien sûr, poser un bandage à un perroquet, à moins qu'il ne soit très faible, n'est pas chose facile. Le bandage ne résistera souvent pas plus de cinq minutes à son puissant bec. N'ayez pas peur de mettre du sparadrap en grande quantité. N'enlevez pas le bandage abîmé ; rajoutez plutôt par-dessus du nouveau sparadrap, sinon l'hémorragie risque de recommencer.

Les fractures et autres traumatismes aux membres

À la suite d'un violent choc, un perroquet peut se casser un membre. Si c'est une patte, l'oiseau boitera et refusera souvent de s'appuyer sur le membre blessé. S'il s'agit d'une aile, il la tiendra plus basse, sera incapable de voler et tremblera.

Dans le cas d'une fracture ouverte, c'est-à-dire quand l'os cassé transperce la peau, vous devez arrêter l'hémorragie en appliquant un bandage propre sur la plaie. Consultez un vétérinaire aussitôt que possible.

S'il n'y a aucun saignement, n'essayez pas de poser vous-même un bandage ou une attelle. Vous pourriez aggraver le problème en manipulant inutilement le membre atteint.

Chez un perroquet, on peut traiter une fracture de plusieurs façons, selon la localisation et la gravité du problème. Une radiographie est souvent indispensable. On peut utiliser un bandage, un plâtre, une tige de métal dans l'os, des vis ou des plaques. Un bon vétérinaire saura vous conseiller; il n'existe pas de traitements universels. Puisque, dans bien des cas, le vol n'est pas une nécessité pour un perroquet domestique (par opposition aux oiseaux sauvages), on en tiendra compte en prescrivant le traitement.

Plusieurs cas de boiterie ou d'aile basse ne sont pas dus à des fractures ou à des luxations mais bien à des tumeurs. Même si le problème apparaît soudainement, un cancer peut en être la cause.

Les brûlures

Les brûlures peuvent être causées par un objet chaud, un courant électrique ou des irritants chimiques. Le perroquet, nous ne le répéterons jamais assez, ne doit jamais être laissé libre sans surveillance. S'il n'a pas les ailes taillées, les risques d'accident sont encore plus grands et il peut malheureusement atterrir sur la cuisinière aux éléments brûlants, dans l'eau de vaisselle ou dans une casserole. Il peut aussi se brûler la langue et la peau en grignotant des fils électriques ou par contact avec des produits toxiques.

Les brûlures sont très douloureuses, elles peuvent s'infecter et, si elles sont graves, l'oiseau peut même en mourir. Excepté dans les cas très mineurs, une consultation chez le vétérinaire s'impose aussitôt que possible.

Premiers soins

- Appliquez de l'eau froide sur la plaie pour diminuer la douleur.
- Si la brûlure résulte du contact avec un produit acide, appliquez-y un mélange constitué moitié d'eau tiède, moitié de bicarbonate de sodium.
- S'il s'agit d'une brûlure par un agent alcalin, vous pouvez y appliquer un peu de vinaigre.
- N'utilisez jamais de beurre, de gras ou d'onguent huileux.
- Si le perroquet gratte sa plaie avec son bec ou ses griffes, essayez d'y appliquer un bandage propre. L'automutilation peut parfois empirer dangereusement un problème qui était mineur au début.
- Prenez rendez-vous chez le vétérinaire. Un antibiotique sera souvent nécessaire en plus parfois d'un bandage et d'un anti-douleur. Si les brûlures sont importantes, le vétérinaire pourra hospitaliser l'oiseau pour lui donner des traitements de support (sérum, vitamines, intubation).

Les attaques par d'autres animaux

Le perroquet, peu importe sa grosseur et la force de son bec, est souvent considéré comme une proie par les habitants à quatre pattes de la maison. Les chats, en particulier, pourront passer des heures à observer un oiseau, rêvant sans doute de planter leurs crocs dans sa chair. Bien peu, cependant, passeront à l'action et la plupart battront en retraite au premier coup de bec ou hurlement du perroquet. Nous avons vu des oiseaux mordus ou griffés par des chats, des chiens, des furets et même des rongeurs (rat, souris, hamster, etc.). Les furets sont particulièrement à redouter, car la plupart ne ressentiront aucune crainte même devant le plus impressionnant des perroquets. Ces batailles ne se terminent pas, en règle générale, par la mise à mort de l'oiseau, et l'attaquant s'en sort rarement indemne (on sait qu'un coup de bec peut casser un doigt!).

Mais, peu importe la gravité des blessures subies par le perroquet, dès qu'il y a eu contact entre le sang de l'oiseau et les griffes ou les dents d'un mammifère, la situation est grave. En effet, certaines bactéries qui font partie de la flore normale du mammifère peuvent être transmises de cette façon. Le chien ou le chat qui n'est pas malade peut malgré tout être dangereux pour votre perroquet. Chez l'oiseau, ces mêmes bactéries vont passer dans le sang (une égratignure suffit), s'y multiplier et entraîner la mort deux à quatre jours après l'accident.

Sans un traitement immédiat avec l'antibiotique approprié, la majorité des perroquets succomberont à cette infection. Même avec le médicament, tous ne survivront pas, le plus souvent parce que le propriétaire a trop attendu avant de consulter un vétérinaire. Agissez donc sans tarder.

- Arrêtez l'hémorragie, s'il y a lieu.
- Désinfectez les plaies avec de la teinture d'iode 1 p. 100.
- Si nécessaire, appliquez un bandage propre sur la plaie pour empêcher l'oiseau d'y toucher.
- Prenez rendez-vous immédiatement avec votre vétérinaire. Expliquez-lui qu'il s'agit d'une blessure résultant d'une attaque par un autre animal. Vous pourrez ainsi vous rendre d'urgence à la clinique.
- Même si l'oiseau ne semble pas s'en porter mal, même s'il n'a qu'une blessure superficielle, n'attendez pas! Lorsque l'oiseau sera au fond de la cage, tout gonflé, ce qui risque d'arriver 24 à 48 heures après l'attaque, il sera souvent trop tard pour le sauver même avec les meilleurs soins médicaux.

Tous les perroquets ne réagissent pas de la même manière; certains ne seront pas malades, mais pourquoi prendre un risque?

Les empoisonnements

L'ingestion de substances toxiques est un accident fréquent chez les perroquets. Ce sont des animaux curieux et explorateurs qui ont l'habitude de tout mettre dans leur bec pour goûter, jouer et gruger. Soyez donc très vigilant.

Nous ne pouvons dresser ici la liste complète de toutes les substances toxiques pour votre oiseau. Mais voici quelques recommandations:

- Tous les produits identifiés comme poison pour les humains sont également dangereux pour l'oiseau.
- Les plantes et les fleurs sont particulièrement attirantes pour le perroquet, mais malheureusement plusieurs sont toxiques. Il peut cependant être difficile d'identifier une plante (donc de vérifier si elle est considérée comme dangereuse), parce que, entre autres, la liste des plantes vénéneuses s'allonge chaque année. On ignore encore si certaines plantes sont dangereuses ou non pour les oiseaux. Nous vous recommandons de considérer toutes les fleurs et toutes les plantes comme une source potentielle de poison et d'en interdire l'accès à votre oiseau.
- Les insecticides, les herbicides, les produits de nettoyage, les colles, les teintures, les peintures et les solvants sont particulièrement dangereux.
- Le tabac, l'alcool, les médicaments et les drogues sont des causes fréquentes d'empoisonnement. Ne les laissez pas à la portée de votre oiseau.
- Les métaux, comme le plomb ou le cuivre, peuvent empoisonner votre perroquet, même ingérés en quantité minime. On en trouve dans certaines peintures, dans les soudures, les crayons à mine, certains bijoux, les poids de lignes à pêche. Le cuivre est présent, entre autres, dans les fils électriques et téléphoniques, les encadrements dorés et les objets décoratifs en cuivre.
- Les émanations de peinture, de solvant, de gaz, d'insecticide, etc. peuvent être absorbées par les fragiles voies respiratoires du perroquet et ainsi l'empoisonner. Les ustensiles de cuisine recouverts de téflon, s'ils sont laissés sur un feu trop ardent, dégagent des vapeurs souvent mortelles pour l'oiseau.

Signes d'empoisonnement

Les signes d'empoisonnement sont différents selon la nature du poison, la quantité ingérée et le temps écoulé depuis l'ingestion. On pourrait voir des cas de:

- diarrhée et régurgitation;
- sang dans les selles (cuivre et plomb);
- faiblesse et dépression;
- difficulté respiratoire, toux;
- convulsions, perte d'équilibre, perte de vision;
- choc et décès.

Il est donc difficile, en se fiant aux symptômes externes, de poser un diagnostic d'empoisonnement. Soyez attentif et, si votre perroquet est malade, essayez de trouver une source de poison. Certains poisons s'accumulent dans l'organisme et ne seront toxiques qu'après une ingestion répétée (par exemple, le tristement célèbre arsenic). Le fait que votre perroquet grignote telle plante ou telle peinture murale depuis plusieurs semaines sans symptôme d'empoisonnement ne veut pas dire que ce soit sans danger. C'est peut-être juste une question de temps avant que le poison n'agisse… Si vous soupçonnez un empoisonnement, réagissez vite. N'attendez pas pour voir comment ça ira le lendemain… votre perroquet sera peut-être mort!

Traitement

- Enlevez la source de poison.
- Gardez l'oiseau dans une pièce calme et bien chauffée.
- Consultez un vétérinaire. Apportez-lui, si possible, un échantillon du poison, des selles et de toute régurgitation de l'oiseau.
- Si vous ne pouvez absolument pas consulter immédiatement un vétérinaire et si l'oiseau est conscient, vous pouvez peut-être l'aider temporairement en lui donnant, à l'aide d'un compte-gouttes, de 10 à 15 ml (½ à 1 c. à soupe) d'un mélange moitié-moitié de blanc d'œuf cru et d'un antidiarrhéique à base de kaolin et de pectine.

- Certains poisons, en particulier le plomb et le cuivre, doivent être combattus à l'aide d'un antidote spécifique que votre vétérinaire devra injecter à l'oiseau pendant plusieurs jours.

D'autres cas peuvent nécessiter l'injection de fluides et de corticostéroïdes, des lavages d'estomac, des intubations avec du charbon activé et une hospitalisation de quelques jours.

La prévention est essentielle. Surveillez votre oiseau et éloignez de lui toutes les sources possibles d'empoisonnement. Si vous devez vernir, peindre, utiliser des insecticides ou des désinfectants puissants, sortez d'abord le perroquet de votre maison.

La vie sociale

Votre perroquet est-il intelligent ?

L'intelligence est une notion extrêmement difficile à définir, particulièrement chez les animaux. Nous pouvons difficilement évaluer leurs connaissances ou leur facilité d'apprentissage et encore moins mesurer leur quotient intellectuel (lequel, selon notre opinion, n'a pas grand-chose à voir avec l'intelligence réelle).

Le perroquet parle, il a reçu ce don unique parmi la gent animale (à l'exception de l'homme, bien sûr!). Sait-il ce qu'il dit? Pouvons-nous réellement communiquer avec lui par la parole? La réponse n'est pas évidente. Oui… et non.

Certains perroquets associent les mots qu'ils prononcent avec une action et un désir. Si, par exemple, vous lui répétez chaque soir, avant de le coucher: « Coco va faire dodo », après quelques mois, il retiendra cette phrase et la prononcera le soir, lorsqu'il est fatigué. Le perroquet peut aussi nommer certains objets, lorsqu'il les désire, ou appeler les gens par leur nom. Nous connaissons un perroquet qui, à l'heure des repas, répète inlassablement: « Jacquot veut du fromage », jusqu'à ce qu'il reçoive ce qu'il demande. Il ne se contentera pas d'une pomme ou d'autre chose.

Mais nous devons avouer qu'en général, le perroquet ne sait pas ce qu'il dit. Il parle surtout par plaisir, pour s'amuser, pour provoquer des réactions et attirer l'attention. L'exception qui confirme la règle est le cas de perroquets (en général, les Gris d'Afrique) entraînés de façon intensive par des spécialistes du comportement animal et qui en viennent à associer des mots à des objets, à reconnaître les couleurs, les formes, les nombres, etc. Le perroquet moyen aurait, paraît-il, l'intelligence d'un enfant de deux ou trois ans.

Qu'il soit ou non un parleur, nous pensons néanmoins que votre perroquet est un animal extrêmement intelligent. Il reconnaît sans contredit les gens, il sait qui il aime et qui il n'aime pas et il a un instinct extraordinaire pour distinguer les personnes de chaque sexe. En effet, plusieurs perroquets préfèrent soit les hommes soit les femmes et, étonnamment, ils ne se trompent jamais. Ils reconnaissent un homme même s'il a les cheveux longs… Ils apprennent à reconnaître l'heure du bain, de la sortie, du souper. Ils aiment jouer et être présents à la vie de la maison.

Le perroquet est aussi un animal à la mémoire longue et vous devriez faire attention à ne pas lui donner une mauvaise impression de vous. Ne le frappez jamais et ne lui laissez pas sentir que vous avez peur de lui (si, par exemple, son bec vous effraie). Un perroquet peut apprendre de nouveaux comportements ou de nouveaux tours très facilement, pourvu qu'il reçoive la récompense appropriée. Il n'y a pratiquement aucune limite à la faculté d'apprentissage de votre oiseau. Ne sous-estimez pas l'intelligence de votre perroquet, même s'il a une « cervelle d'oiseau » !

La vie à l'état sauvage et la vie en captivité

Il est intéressant, pour mieux comprendre les comportements de votre oiseau, de savoir comment vit le perroquet dans la nature.

La vie en groupe

Le perroquet, dans son environnement naturel, vit en groupe de plusieurs dizaines d'individus. Il s'y forme une hiérarchie plutôt souple. Contrairement aux groupements de singes ou de loups, la place hiérarchique de chaque individu varie souvent. Les plus forts et les plus agressifs sont toujours les premiers à se nourrir et bénéficient des meilleurs perchoirs. Cependant, la moindre défaillance entraîne une perte de prestige.

Il n'existe pas de privilège de naissance et chaque oiseau doit faire ses preuves. Ainsi, malheureusement, les plus faibles, les malades et les handicapés sont repoussés par le groupe et souvent même tués par leurs congénères, pour éviter d'attirer les prédateurs. C'est pourquoi votre perroquet, par instinct, tentera à tout prix de cacher ses symptômes s'il est malade. Il aura peur d'être rejeté. Vous devriez toujours isoler un oiseau malade. Premièrement, il peut être contagieux et il est «préférable» d'avoir un seul perroquet malade que plusieurs; deuxièmement, le perroquet malade peut souffrir de brimades de la part des autres. Parfois, on voit des couples d'oiseaux très unis où l'un assiste son ami malade en le nourrissant, en le protégeant et en l'encourageant. Dans ce cas, assurez-vous que le problème de l'oiseau malade n'est pas contagieux et laissez-les s'entraider.

Un perroquet très apprivoisé, vous considérant comme son compagnon de vie, pourra aussi vous demander de l'aide. Soyez attentif si votre oiseau recherche votre présence et la chaleur de votre contact avec une insistance inhabituelle: il est peut-être malade.

La vie en couple

Dans la nature, il se forme aussi, à l'intérieur du groupe, des couples très fidèles. Le mâle défend sa femelle et son territoire à l'approche des intrus. Il lui fait une cour assidue en chantant, en dansant et même en lui offrant des cadeaux: plumes, brindilles, nourriture de choix, etc. Les deux amoureux se nettoient mutuellement les plumes et se nourrissent l'un l'autre (en régurgitant de la nourriture dans le bec de l'autre). Votre perroquet, s'il vit seul avec des humains, peut transférer son affection sexuelle sur vous ou sur un membre de votre famille. Il peut alors démontrer les mêmes comportements que le perroquet amoureux dans la nature. Ces comportements peuvent être embarrassants, mais ils sont naturels. Nous connaissons plusieurs perroquets qui considèrent toutes les personnes approchant leur maître comme des ennemis potentiels. Ils peuvent alors hurler, tenter d'attaquer l'intrus et même mordre leur propre maître pour attirer son attention, s'il fait mine de trop s'intéresser à d'autres. Ces perroquets sont tout simplement « jaloux ». La jalousie est un sentiment irraisonné et ce comportement est difficile à contrôler. Un perroquet jaloux et possessif peut devenir une véritable plaie si vous vivez en couple. « C'est le perroquet ou moi ! » C'est peut-être ce que vous dira votre compagne ou votre compagnon, si vous laissez votre oiseau devenir « amoureux » de vous !

Le train-train quotidien

Dans son milieu naturel, le perroquet est plutôt sédentaire et, à moins de manquer de nourriture, il préfère séjourner pendant une longue période au même endroit. Il y installe son nid, connaît les points d'eau et les bonnes sources de nourriture et sait où sont les dangers. En captivité, il aime une vie calme et bien réglée. Bref, il est un peu pantouflard. Le perroquet déteste qu'on bouscule ses habitudes, qu'on change sa cage de place trop souvent, qu'on varie trop brusquement son menu. Il aime être nourri, baigné, sorti de sa cage et « mis au lit » selon un horaire régulier. Des changements trop fréquents ou trop brusques peuvent le stresser et le rendre agressif et plus sensible aux infections.

À l'état sauvage, le perroquet se réveille à l'aube et vocalise pour montrer sa bonne humeur et communiquer avec son groupe, puis il part à la recherche de sa pitance. Il vole d'arbre en arbre, grignotant les noix, savourant les feuilles, les fruits et les insectes. Puis, il visite ses congénères, joue, prend un bain, se querelle parfois et revient à son nid. L'après-midi, le perroquet se repose, fait sa toilette et gruge des branches. Enfin, en début de soirée, il prend un deuxième repas, vocalise et joue un peu puis s'installe pour la nuit, bien à l'abri sur une haute branche.

Dans votre foyer, vous pouvez essayer de recréer l'environnement naturel en respectant les périodes d'activités décrites ci-dessus. Le matin, laissez votre oiseau sortir de sa cage et se promener dans la maison (sous surveillance !). Puis, nettoyez sa cage et présentez-lui un bon repas composé non seulement d'eau fraîche et de graines ou de moulée, mais aussi d'une assiettée de fruits, de légumes et d'aliments de table (voir le chapitre sur l'alimentation, p. 44). Ne lui offrez pas ses aliments « tout cuits dans le bec ». Il est parfaitement capable de couper lui-même une carotte, de peler une orange ou de détacher les morceaux de viande attachés à un os de poulet et même d'en extraire la moelle ! L'oiseau s'amuse beaucoup avec sa nourriture et semble en gaspiller plus qu'il n'en mange. Ne vous découragez pas… il est occupé à une saine activité au lieu de penser à faire des mauvais coups ou à s'automutiler, par ennui. À la fin de la matinée, donnez-lui un bain, puis laissez-le se reposer et vaquer à des activités plus calmes comme soigner son plumage, faire la sieste, gruger ses perchoirs ou ses jouets et observer la maisonnée. Le soir, partagez votre repas avec lui et laissez-le faire une sortie à l'extérieur de sa cage. Il aimera peut-être écouter de la musique, regarder la télévision ou simplement rester perché sur votre épaule durant quelques heures. Puis, ce sera l'heure de dormir. Couvrez la cage et assurez-vous que votre perroquet ne sera pas dérangé afin qu'il bénéficie de 10 à 12 heures de sommeil.

Observez bien votre oiseau et inquiétez-vous de tout changement dans ses habitudes : il cache peut-être alors un problème.

Le comportement avec les amis

Dans la majorité des cas, ne vous attendez pas à pouvoir montrer à vos amis comment votre perroquet est un compagnon merveilleux et intelligent. La plupart d'entre eux sont détestables devant les visiteurs (comme certains enfants !), l'exception étant le jeune perroquet nourri à la main et bien socialisé.

Problèmes et solutions

La parole

- Votre perroquet refusera de parler et vous vous rendrez ridicule à lui répéter « Allô ! Allô ! Allô ! », sous son regard moqueur.

Conseil

Enregistrez votre perroquet, sinon vos amis ne croiront jamais qu'il parle vraiment.

Les cris excessifs

- La visite d'amis sera aussi probablement le moment que votre perroquet choisira pour lancer des hurlements à faire trembler la maison. Pourtant, d'habitude, il est si calme…

Conseil

Si vous ne voulez pas perdre des amis ou recevoir des plaintes des voisins, isolez l'oiseau lorsqu'il crie ainsi, en couvrant sa cage ou en le changeant de pièce. Surtout, ne lui accordez pas d'attention en le nourrissant ou en le laissant se percher sur votre épaule. Il sera alors bien trop heureux de recommencer à la prochaine occasion puisque vous avez encouragé ce comportement en le récompensant.

L'agressivité

- Lui qui est si gentil habituellement, il tentera peut-être de mordre tous ceux qui l'approcheront… et même vous.

Conseil

À moins que vous ne vouliez risquer de voir vos amis repartir avec un doigt en sang ou une chemise déchirée, avertissez les visiteurs du danger que peut représenter un bec de perroquet.

Bien sûr, tous les oiseaux ne se comporteront pas avec autant de malice. Les perroquets nourris à la main peuvent être affectueux avec tous et certains Amazones se feront un plaisir de parler pour attirer l'attention, mais la majorité des perroquets n'aiment pas les visiteurs pour les raisons suivantes :

- Vous changez ses habitudes. Souvent, vous avez moins de temps à lui consacrer, vous le couchez plus tard ou vous le dérangez dans sa routine.
- Il est peut-être jaloux. Les perroquets très attachés à leur maître considèrent les amis comme des compétiteurs à abattre.
- Il peut être effrayé et inquiété par la présence d'étrangers.
- Les perroquets ont une forte personnalité et n'obéissent pas au doigt et à l'œil comme un chien ; ils peuvent devenir malicieux simplement pour vous montrer qu'ils ne sont pas des pantins.

Ne soyez donc pas trop exigeant avec votre perroquet ; s'il supporte mal la présence de visiteurs, laissez-le en sécurité dans sa cage et isolez-le dans une pièce calme.

Le comportement avec les enfants

Sauf exception, les perroquets n'aiment pas les enfants. Les enfants font souvent des gestes brusques, poussent des cris soudains et émettent des rires perçants. De plus, ils n'ont pas la notion du danger et tentent de toucher le perroquet sans précaution. Ils lui font peur. Soyez très prudent, vous êtes responsable des accidents qui peuvent se produire.

Ne laissez jamais un ou des enfants seuls avec l'oiseau. Celui-ci peut mordre sérieusement l'enfant. L'enfant, lui, peut blesser ou empoisonner le perroquet (sans mauvaise intention, il va sans dire). Avertissez parents et enfants des dangers possibles. Si l'enfant veut absolument nourrir le perroquet, donnez-lui une branche de céleri ou une carotte que le perroquet pourra saisir sans être capable de mordre un doigt par la même occasion.

Les relations avec d'autres animaux

Ne faites jamais pleinement confiance à un chat. Même s'il vit en harmonie avec votre perroquet depuis des années, il est comme une « bombe à retardement ». Il est porteur de bactéries dangereuses pour le perroquet (voir le chapitre sur les maladies, p. 85) et un petit coup de griffes pourrait entraîner la mort de l'oiseau. Par contre, certains chiens peuvent développer une réelle amitié avec un perroquet et vice versa. Soyez quand même prudent quoique, en général, le chien a un comportement beaucoup plus digne de confiance que le chat. Les chiens de chasse ou les petits chiens possessifs considèrent le perroquet comme une proie ou un ennemi ; ne les laissez jamais seuls avec l'oiseau.

Le perroquet est, en général, indifférent à la présence de rongeurs (lapins, cochons d'Inde, rats domestiques, etc.). Il pourrait cependant, par mégarde, se poser sur leur cage et se faire mordre les pattes. Soyez prudent !

Méfiez-vous des furets. Ce sont sans nul doute les plus dangereux des animaux de compagnie pour votre perroquet. Leur petit corps mince leur permet de se glisser entre les barreaux de la plupart des cages et ils attaquent sans crainte même le plus gros des perroquets.

Les relations avec d'autres oiseaux

Les réactions des perroquets face à d'autres compagnons à plumes sont très variables. En général, ils sont effrayés ou agacés par les petits oiseaux (perruches, cockatiels, inséparables, serins) au vol rapide, qui ont souvent l'audace de se poser sur leur cage ou même parfois d'y entrer. Attention, votre perroquet tentera le plus souvent de mordre le petit oiseau ; il peut même le tuer.

Les relations entre des perroquets d'espèces différentes mais de grosseurs similaires ne sont pas toujours harmonieuses. Si vous achetez un deuxième perroquet, prévoyez une deuxième cage. Surveillez les premiers contacts. Soyez patient. Certains oiseaux se détestent pendant plusieurs semaines et deviennent par la suite des compagnons inséparables. La reproduction entre individus d'espèces différentes n'est pas possible, mais il peut y avoir croisement fertile entre les différentes variétés d'une même espèce (par exemple, entre un Ara bleu et or et un Ara rouge écarlate).

Le meilleur compagnon pour votre perroquet est sans nul doute un oiseau de sexe opposé, de la même variété et de la même espèce que lui. Malheureusement, l'entente n'est pas garantie : ils peuvent ne jamais s'aimer. Les préférences individuelles existent aussi chez les oiseaux ! Et si l'entente règne, il est fort probable que vos oiseaux deviennent alors plus indépendants et moins affectueux avec vous.

Ne tombez pas dans le piège de « l'amateur de perroquets débordé », celui qui découvre ces merveilleux compagnons et se retrouve bien vite à la tête d'une trop nombreuse famille ailée dont il n'a plus le temps de s'occuper convenablement.

Le perroquet est un oiseau extrêmement intelligent et sensible et il sera bien malheureux si vous le délaissez pour le nouvel oiseau.

Planifiez chaque achat et prévoyez du temps pour chaque oiseau.

La sortie à l'extérieur de la cage

Tous les perroquets devraient avoir l'occasion de sortir de leur cage au moins une heure tous les jours. Comme nous l'avons dit précédemment, la cage n'est pas une prison et l'oiseau y sera heureux à condition de ne pas y être confiné tout le temps. C'est souvent en observant le comportement à l'extérieur de la cage que l'on mesure vraiment les différences de caractère entre les races de perroquets et même entre les individus d'une même race.

Certains oiseaux refusent de sortir de la cage de leur plein gré, même si la porte reste ouverte toute la journée. D'autres sortiront et resteront sagement sur le dessus de la cage. Certains n'auront d'autre plaisir que de voler ou de marcher jusqu'au plus proche objet qu'ils peuvent saisir et casser; d'autres vous suivront partout dans la maison, cherchant ainsi à attirer votre attention...

Certaines règles de base s'appliquent aux sorties à l'extérieur de la cage:

- Ne laissez jamais la porte de la cage ouverte lorsque vous n'êtes pas là pour surveiller l'oiseau: même le plus timide des perroquets pourra sortir un jour et ce sera peut-être pour aller grignoter une plante toxique ou l'œuvre d'art la plus proche.
- Éloignez toutes les sources d'accident ou d'empoisonnement. Prenez spécialement garde aux plantes, aux ventilateurs de plafond, aux fils électriques, aux objets peints, ainsi qu'aux miroirs et aux vitres des fenêtres. Bien sûr, vous ne pouvez pas déplacer les fenêtres, mais fermez au moins les rideaux!
- Méfiez-vous des autres animaux: chat, chien, furet, qui peuvent profiter de la sortie de votre perroquet pour varier leur menu.
- Si votre perroquet refuse de revenir dans sa cage lorsque l'heure de sortie est terminée et vous oblige à une «chasse au perroquet» pour le ramener à la raison, une coupe de plumes serait à envisager.

La sortie à l'extérieur de la maison

Il peut être agréable pour vous et pour l'oiseau de partager des activités à l'extérieur de la maison: marches, promenades en voiture, délassement au jardin... Nous connaissons même certains perroquets qui apprécient une randonnée à bicyclette!

Les sorties à l'extérieur sans cage doivent cependant être réservées à l'oiseau calme, très apprivoisé et ayant les ailes taillées convenablement. Les risques d'accidents sont énormes et chaque sortie devrait être bien planifiée. Vérifiez chaque fois si de nouvelles plumes n'auraient pas poussé depuis la dernière sortie. Deux ou trois plumes au bout de chaque aile sont suffisantes pour permettre un décollage et, même si l'oiseau n'ira pas loin, il pourrait atterrir sous une voiture. Attendez une température clémente, sans courant d'air (vous devriez être à l'aise en tenue estivale) et n'exposez pas votre oiseau au soleil sans protection, pour de longues périodes. Attention aux autres animaux, aux véhicules à moteur et aux bruits inhabituels qui pourraient effrayer votre perroquet.

N'oubliez pas que les oiseaux sauvages sont porteurs de maladies et de parasites pouvant infecter votre perroquet. Évitez-lui donc les contacts avec eux et éloignez-le d'un environnement contaminé (arbres, mangeoires, etc.). Vous pouvez aussi plus simplement sortir la cage et l'oiseau à l'extérieur, mais attention au soleil ardent, aux courants d'air et aux prédateurs.

La reproduction

Réussir la reproduction des perroquets en captivité est une tâche difficile. Bien sûr, un bébé perroquet peut se vendre au détail à un prix élevé, mais ne rêvez pas en couleur. « N'est pas éleveur qui veut ! »

Si vous pensez investir du temps et de l'argent dans l'élevage de perroquets, pensez investir beaucoup de temps et beaucoup d'argent.

Ce chapitre sur la reproduction est simplement un guide. Si vous voulez réellement vous diriger vers l'élevage de perroquets sur une base commerciale, vous auriez avantage à consulter d'autres éleveurs et des vétérinaires, à vous abonner à des revues sur les perroquets et à devenir membre d'associations d'éleveurs.

Nous encourageons tous les individus et toutes les organisations se dévouant pour la reproduction du perroquet en captivité. Plusieurs espèces menacées pourront ainsi être sauvegardées. La capture d'oiseaux sauvages dans des conditions déplorables va diminuer et les perroquets nés en captivité continueront d'être, sans l'ombre d'un doute, les meilleurs compagnons ailés possibles pour l'humain.

Physiologie de la reproduction

Il est important de savoir comment les oiseaux se reproduisent (cela diffère beaucoup des mammifères) pour mieux comprendre et distinguer la normalité des cas problèmes.

Les schémas du système reproducteur mâle et femelle qui suivent vous aideront à comprendre nos explications.

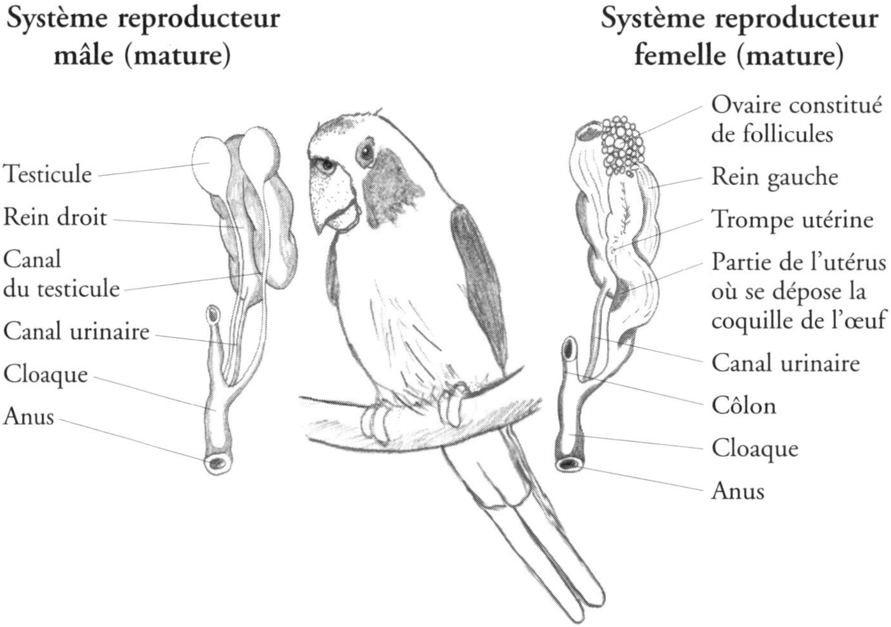

Tous les organes reproducteurs des oiseaux sont internes, sauf chez certains gros oiseaux de la famille des canards dont le mâle a un pénis. Votre perroquet mâle n'a donc pas de pénis et l'accouplement se réalise lorsque deux oiseaux accolent leur cloaque. Le cloaque est l'endroit où aboutissent les systèmes digestif, urinaire et reproducteur. Le mâle a deux testicules situés dans l'abdomen et la femelle n'a qu'un seul ovaire fonctionnel, presque toujours le gauche. L'ovaire ressemble à une grappe de raisins dont les fruits seraient de grosseurs différentes. En fait, il s'agit de jaunes d'œufs à différents stades de développement. Le jaune d'œuf est en réalité un ovule. La femelle n'ovule pas selon un cycle fixe comme chez l'humain, mais plutôt en fonction de facteurs multiples : la photopériode, la température, la nutrition, la présence d'un mâle, quoique cette dernière ne soit pas indispensable, etc. Le jaune d'œuf descend le long de la corne utérine où vont se déposer les différentes membranes, le blanc d'œuf et enfin la coquille.

Il s'écoule environ 26 heures entre l'ovulation — le moment où le jaune d'œuf arrivé à maturité se détache de l'ovaire — et l'expulsion de l'œuf. Ensuite seulement commencent la couvaison et le développement de l'embryon. La femelle perroquet pourra donc avoir l'abdomen légèrement distendu par un œuf pendant au plus 26 heures. Si cet état persiste pendant une plus longue période, c'est anormal ; vous devez consulter un vétérinaire le plus rapidement possible. Il s'agit peut-être simplement d'un œuf retenu (voir p. 119), mais il peut s'agir aussi d'une masse cancéreuse, d'une hernie ou d'une accumulation de liquide.

Si la femelle a été accouplée avant l'ovulation, le sperme du mâle fécondera l'ovule dans l'utérus avant qu'il ne soit recouvert d'une coquille ; la fécondation est donc interne. Si la femelle n'est pas fécondée, elle peut quand même pondre un œuf, infertile, qui ne produira pas d'oisillon.

Mon perroquet est-il un mâle ou une femelle ?

Bien sûr, une des questions de base que tout éleveur potentiel doit se poser est : « Quel est le sexe de mon perroquet ? » L'homosexualité est fréquente chez les animaux et le fait que deux perroquets s'aiment tendrement ne veut pas dire qu'ils sont de sexe opposé. Une femelle perroquet peut pondre même si elle est seule dans la cage ou en présence d'une autre femelle, mais, dans ce cas, l'œuf sera infertile.

Comment savoir si vous avez un vrai couple ?

- Un de vos oiseaux a pondu et l'œuf est fertile. Pas de doute, vous possédez un mâle et une femelle. Vous êtes en plus extrêmement chanceux ! Si vous n'avez pas le temps de prendre soin de petits perroquets, envisagez de vendre votre couple. Plusieurs éleveurs sont prêts à payer un bon prix et, en général, ils offrent aux oiseaux les meilleures conditions de vie possibles.

- En vous basant sur les différences extérieures entre les sexes. Ce critère ne peut être utilisé que pour quelques espèces. Par exemple, l'Électus mâle a un plumage vert tandis que chez la femelle, il est rouge. Chez le perroquet à collier (ou perruche alexandrine), seul le mâle a un collier. La plupart des autres différences externes ne sont que des balises approximatives : le Cacatoès mâle aurait les yeux noirs et la femelle, les yeux bruns. L'Ara femelle serait plus gros que le mâle et le plumage du Gris d'Afrique femelle serait plus pâle que celui du mâle. Nous avons déjà parié sur ces critères et avons perdu une fois sur deux. C'est comme jouer à la roulette ! Ne vous y fiez pas. Quant aux Amazones et aux Conures, aucune différence externe ne pourrait même vous guider.
- En faisant sexer vos oiseaux de façon scientifique. Il existe deux méthodes : le sexage chirurgical ou le sexage chromosomique du sang. La méthode chirurgicale nécessite une anesthésie générale. Le vétérinaire insère un endoscope (appareil muni de fibres optiques grossissantes) dans le flanc du perroquet pour visionner les organes sexuels : deux testicules chez le mâle et un ovaire chez la femelle. Cette opération comporte un risque minime à cause de l'anesthésie générale, mais si votre vétérinaire utilise un produit sécuritaire (tel l'isoflurane), votre oiseau a toutes les chances de son côté.
- Le sexage chirurgical a l'avantage de pouvoir déterminer la maturité sexuelle de l'oiseau grâce à l'état des gonades (organes sexuels internes) et aussi parfois de détecter fortuitement des anomalies des organes internes. Cette méthode est surtout conseillée pour les éleveurs commerciaux, car si le risque de décès relié à l'anesthésie est minime, il est tout de même présent, et il serait déplorable que cela arrive à votre compagnon. Actuellement, la méthode de choix pour le sexage de votre ami ailé est le sexage par tests sanguins. Certains laboratoires spécialisés offrent ce service : avec une quantité minime de sang, ils font l'analyse de l'acide désoxyribonucléique (ADN) et déterminent

ainsi le sexe de votre oiseau. C'est une méthode simple, sans risque et sûre. Votre vétérinaire saura vous conseiller.

Conseils

- Ne vous fiez pas à de vieux trucs comme mesurer la distance entre les os du bassin (paraît-il plus grande chez la femelle). En réalité, seule une femelle ayant pondu récemment aura les os du bassin plus écartés.
- Si le vendeur vous affirme que votre oiseau est de tel ou tel sexe, demandez-lui de quelle façon il l'a déterminé : impression générale, couleur, comportement, forme du corps, sexage chirurgical ou sanguin, os du bassin. Un oiseau sexé de façon chirurgicale sera souvent tatoué à l'intérieur de l'aile avec de l'encre de Chine noire (du côté droit pour le mâle et du côté gauche pour la femelle) et tout oiseau sexé par un vétérinaire a un certificat de sexage. Vous devez l'exiger.

Former le couple

Les perroquets sont quelquefois capricieux et peuvent refuser le compagnon que vous leur avez choisi, même s'il est du sexe opposé. Soyez patient ! Ne mettez les oiseaux en contact que quelques heures par jour au début, ayez une boîte de nidification et une très vaste cage. En fait, il existe un risque réel de blessures entre deux perroquets incompatibles. Les Cacatoès, en particulier, peuvent attaquer, blesser et même tuer un congénère. Il est important que les premières rencontres soient soigneusement supervisées. Les oiseaux devraient se rencontrer sur un territoire neutre (c'est-à-dire pas dans la cage de l'un ou de l'autre) d'où ils pourront s'enfuir en cas d'agression.

Toutefois, il est normal d'observer des comportements de parade et d'intimidation tels vocalisations, plumage hérissé, queue en éventail, contraction des pupilles, sautillements et balancement du corps. Après

30 à 60 minutes, vous pourrez alors voir les oiseaux s'approcher l'un de l'autre et, éventuellement, se lisser le plumage.

L'accouplement et la ponte

Vous pouvez observer vos perroquets en train de s'accoupler plusieurs jours avant la ponte. Le mâle grimpe sur le dos de la femelle, qui se penche vers l'avant en poussant de petits cris. L'accouplement ne dure que quelques minutes et peut se reproduire plusieurs fois par jour. En fait, le sperme du mâle est viable pendant plusieurs dizaines d'heures à l'intérieur de la femelle après l'accouplement. La femelle peut pondre de 2 à 6 œufs à 26 ou 48 heures d'intervalle. Le mâle et la femelle se partagent la tâche de la couvaison et des soins aux nouveau-nés. Tous les accouplements ne mèneront pas à la ponte, et vous ne devriez pas vous inquiéter, sauf si votre femelle semble affaiblie et mal à l'aise, ou si elle semble avoir l'abdomen distendu. Elle pourrait alors souffrir d'un œuf retenu (voir p. 119).

Les accessoires et la nutrition pour les oiseaux en reproduction

Le nid

Le nid devrait être assez grand pour contenir les deux parents, être propre, vaste et bien aéré. Les perroquets préfèrent un nid fermé avec une petite ouverture à l'avant. Le matériel de nidification devra être attrayant pour les oiseaux et ne pas être dangereux ni irritant pour les oisillons. Certaines personnes utilisent des essuie-tout déchiquetés, d'autres de la jute en filaments, des copeaux en bois (évitez les conifères) ou du foin.

N'utilisez jamais de mousse de tissu synthétique qui pourrait s'emmêler dans les pattes des oisillons. Évitez aussi les matériaux faciles à ingérer et qui pourraient gonfler dans le petit intestin de vos oiseaux.

La nutrition

Les parents en période de reproduction doivent recevoir, en plus d'une alimentation équilibrée, de la pâtée d'élevage (offerte dans les boutiques d'animaux ou chez les éleveurs). Vous pouvez aussi trouver d'excellentes recettes maison dans les revues spécialisées ou en communiquant avec des associations d'éleveurs. Assurez-vous que l'apport en vitamines et en minéraux (en particulier le calcium) est optimal. Il existe aussi, et c'est l'idéal, de la moulée enrichie spécialement conçue pour les oiseaux en période de reproduction.

La couvaison et l'éclosion

Selon les espèces, la couvaison (c'est-à-dire la période pendant laquelle les parents incubent les œufs) est de 18 à 38 jours. Informez-vous chez votre vétérinaire ou chez un éleveur de la durée exacte de couvaison chez vos perroquets. Le mâle et la femelle doivent se relayer pour garder les œufs au chaud de façon continue. Vous pouvez aussi utiliser un incubateur pour y faire éclore les œufs. Plusieurs importants éleveurs utilisent cette méthode pour diminuer les pertes dues à la maladresse ou à l'incompétence des parents perroquets. Cependant, si vous vous laissez tenter par cette méthode, vous devez être prêt à nourrir les oisillons vous-même dès le premier jour de l'éclosion, ce qui représente une tâche énorme et irréalisable pour la majorité des propriétaires de perroquets.

Si vous êtes chanceux et que les œufs sont fertiles, ils écloront éventuellement après que la période de couvaison normale se sera écoulée. Les œufs verdâtres, noirâtres ou couverts de moisissure doivent être retirés et jetés. Les œufs non éclos 10 jours après la date prévue sont souvent non viables. Si vous avez beaucoup d'œufs infertiles ou s'il y a plusieurs cas de mortalités dans l'œuf, vous devriez consulter un vétérinaire. Il est possible d'autopsier un œuf!

Les soins aux nouveau-nés

Consultez un vétérinaire ou un éleveur reconnu pour connaître les soins à donner aux nouveau-nés. Un bébé perroquet est très fragile et dépendant. Ne prenez aucun risque. Chaleur, propreté, calme et bons soins sont les règles de base. Informez-vous et ayez l'équipement nécessaire fin prêt avant l'éclosion. Le plus simple est encore de laisser les œufs et les oisillons sous la surveillance des parents perroquets. Cependant, tous ne sont pas habiles, et vous devriez être prêt à prendre la relève si vos oisillons au nid se mettaient à dépérir. De plus, il est préférable de séparer les oisillons des parents à l'âge de quelques semaines pour les nourrir à la main. Cette entreprise demande beaucoup de temps, mais le perroquet sera alors très apprivoisé et sa valeur marchande augmentera. Consultez des spécialistes (vétérinaires ou éleveurs) pour connaître les meilleures techniques. Choisissez une nourriture d'élevage déjà préparée et qui a fait ses preuves. Les recettes maison demandent trop de préparation en plus d'être incomplètes.

Vous administrerez le mélange en utilisant une seringue, une petite cuillère ou un compte-gouttes, jusqu'à ce que le jabot de l'oisillon soit bien tendu et qu'une bosse se forme dans son cou. Quand il aura atteint l'âge du sevrage (variable selon l'espèce), diminuez la fréquence des repas à la main pour qu'il commence à se nourrir tout seul. Il est important de garder les oisillons au chaud, dans un environnement calme et très propre, car ils sont extrêmement fragiles.

La nourriture doit être réchauffée à la température du corps, soit environ 37 °C. Mettez une goutte du mélange sur votre poignet ; il ne devrait être ni chaud ni froid. Un thermomètre est cependant plus précis et recommandé. N'utilisez pas le micro-ondes pour réchauffer le mélange. Trop souvent, la température est inégale et vous pourriez brûler le jabot de vos oisillons ou offrir une nourriture trop froide qui prédispose à une infection du jabot.

Jeu-questionnaire

La reproduction des perroquets

Cochez la bonne réponse

1. J'ai trouvé un œuf dans la cage où vivent mes deux perroquets dont j'ignore le sexe. J'ai donc un couple.

Vrai Faux

2. Ma femelle a un gros ventre depuis quelques jours. Cela veut dire qu'elle est enceinte.

Vrai Faux

3. Le mâle ne va pas dans le nid, il n'est donc pas arrivé à fertiliser les œufs.

Vrai Faux

4. Si j'ai un seul oiseau, il est impossible qu'il ponde.

Vrai Faux

5. On arrive à distinguer le mâle de la femelle en examinant leur bas-ventre.

Vrai Faux

6. Mes perroquets s'aiment beaucoup, s'embrassent et se cajolent; j'ai donc un mâle et une femelle.

Vrai Faux

7. Il est possible qu'un seul accouplement de ma femelle avec son compagnon produise plusieurs œufs fertiles.

Vrai Faux

8. On peut savoir si les œufs sont fertiles en les examinant de près à la lumière d'une ampoule pour voir, à travers la coquille transparente, s'il y a des vaisseaux sanguins ou un embryon à l'intérieur.

Vrai Faux

9. Il ne faut jamais toucher les œufs avec les doigts, sinon les parents les abandonneront.

Vrai Faux

10. Si je veux nourrir les oisillons à la main moi-même, je dois commencer dès l'éclosion.

Vrai Faux

Réponses à la p. 180.

L'apprivoisement et le dressage

Les règles de base

Un perroquet bien apprivoisé, qui parle, qui recherche la présence humaine et qui connaît quelques tours représente sans doute le rêve ultime de tous les propriétaires de perroquet. Amener un perroquet à passer du stade d'oiseau complètement sauvage à l'état apprivoisé n'est pas à la portée de tous. De plus, tous les perroquets n'ont pas les mêmes aptitudes et certains ne pourront jamais devenir de bons compagnons, surtout s'ils ont été capturés directement dans la nature, à l'âge adulte.

Apprivoiser et entraîner un perroquet est une entreprise majeure qui vous apportera la plus belle des récompenses : gagner la confiance de votre oiseau et partager avec lui de bons moments.

Pour les débutants, nous conseillons l'achat d'un jeune perroquet, nourri à la main et déjà apprivoisé. Ce jeune oiseau aura besoin d'interaction avec vous quotidiennement et de séances d'éducation tout au long de sa vie pour ne pas développer de problèmes de comportement. En fait, le perroquet apprivoisé est le plus souvent un véritable pot de colle qui vous pourchassera à travers la maison pour avoir votre attention. Ne l'en privez pas, mais sachez mettre des limites et garder le contrôle !

Conseils

- Patience et communication sont les clefs du succès. Soyez prêt à investir beaucoup de temps et à travailler sur une base régulière avec votre perroquet. Deux ou trois sessions de 10 à 15 minutes par jour sont nécessaires. La communication est primordiale. Vous devez apprendre à connaître votre perroquet et à interpréter ses comportements.

- Ne frappez jamais votre perroquet pour le punir. Vous perdriez ainsi sa confiance et il vous craindrait sans vous aimer.
- Utilisez pour l'entraînement la technique du renforcement positif. Récompensez l'oiseau chaque fois qu'il exécute ce que vous désirez. De cette façon, l'oiseau appréciera les séances d'entraînement, au lieu de les craindre.
- Vous pouvez utiliser, comme récompense, la nourriture préférée de l'oiseau. Le plus souvent, ce sont les graines de tournesol. Attention, cependant, de ne pas lui en donner trop, car elles sont très grasses et favorisent l'embonpoint et les maladies du foie. Souvent, un mot doux ou une caresse seront autant appréciés.
- Si vous devez réprimander votre oiseau pour un mauvais comportement, utilisez des punitions émotives (et non physiques, comme les coups) :
  - Utiliser la voix : vous pourriez dire « Non » d'une voix dure et tranchante. Pour un oiseau sensible, cette réprimande peut suffire. Vous serez encore plus efficace si vous lui faites les gros yeux et le dominez de haut comme un prédateur.
  - Couvrir la cage. Couvrir la cage est une méthode très utile pour mettre fin aux hurlements d'un oiseau criard. Si l'oiseau continue de crier, même sous la couverture, frappez légèrement la cage pour la faire vibrer, sans que l'oiseau vous voie. Il sera désagréablement surpris et pensera que ce sont ses hurlements qui font bouger la cage. Cependant, attention aux excès : un oiseau que l'on laisse sous une couverture, dans sa cage, pendant une longue période de temps, sera très malheureux et développera d'autres troubles de comportement, comme le picage et l'agressivité, en plus de se remettre à crier de plus belle !

- Ignorer l'oiseau. En privant l'oiseau de votre attention lorsqu'il se comporte de façon indésirable (par exemple, vocalisation excessive), vous éviterez de renforcer ce comportement. Ne jamais offrir de nourriture ou de récompense lorsqu'un oiseau est désagréable. Ce serait la meilleure façon de l'encourager. Soyez patient et attendez un peu. Lorsqu'il sera calme et coopératif, vous lui offrirez un câlin ou un plaisir.
- Remettre l'oiseau dans la cage. Vous pouvez aussi remettre l'oiseau dans sa cage, s'il préfère être à l'extérieur de la cage avec vous. Si, au contraire, votre perroquet préfère être en sécurité dans sa cage, la punition sera pour lui une récompense. Quant aux perroquets brise-fer qui adorent se promener pour tout gruger, ils seront spécialement sensibles à cette forme de punition.
- Déposer l'oiseau sur le plancher. Tous les oiseaux détestent être en position d'infériorité, c'est-à-dire plus bas que vous. Si votre oiseau a les ailes taillées, vous pouvez le déposer au sol pour quelques minutes. Il se sentira vite mal à l'aise et sera heureux de monter sur la main que vous lui tendrez. Votre perroquet comprendra mieux pourquoi vous le punissez si vous agissez immédiatement après qu'il a adopté le comportement fautif.

• N'envisagez pas de réaliser l'entraînement très vite. Suivez le rythme de votre oiseau et apprenez à reconnaître les risques de fatigue qu'il vous montre. Il est temps d'arrêter la session si :
  - L'oiseau refuse de saisir la récompense que vous lui donnez (le plus souvent une graine) ou la laisse tomber.
  - Il devient nerveux ou agressif.
  - Il devient inattentif.
• Essayez de terminer la session en beauté, sur une note positive. Même si vous n'avez pas réussi à lui enseigner un tour complet, récompensez-le pour ce qu'il a appris. Vous recommencerez plus tard.

Comment choisir un oiseau facile à apprivoiser

Il n'existe pas de perroquets impossibles à apprivoiser, mais certains spécimens seront beaucoup plus difficiles à « convaincre » que d'autres, et certains ne pourront être apprivoisés que par des professionnels du comportement aviaire.

Quelques propriétaires d'oiseaux ont un « don » et, entre leurs mains, même le plus sauvage des perroquets deviendra une perle de gentillesse en moins d'un mois. Si vous avez un tel don, profitez-en pour vous procurer un perroquet plus âgé, à moindre coût et souvent voué à l'abandon, sinon suivez ces quelques conseils :

- Choisissez un jeune oiseau (4 à 8 mois). Chez l'éleveur, un certificat de naissance confirmera l'âge de l'oiseau. Il sera aussi parfois bagué avec une inscription donnant l'année de sa naissance (voir p. 66). Pour l'oiseau importé, il devient beaucoup plus difficile de déterminer l'âge, mais une personne expérimentée et compétente pourra vous guider.
- Achetez un oisillon nourri à la main. De nombreux éleveurs séparent les jeunes de leurs parents pour les nourrir eux-mêmes à l'aide d'une seringue ou d'une cuillère. L'oisillon ainsi mis en contact étroit avec les humains jusqu'à son sevrage sera déjà très apprivoisé. Il représente le compagnon idéal pour un débutant ou pour une personne ayant très peu de temps à consacrer à l'apprivoisement. Son prix sera plus élevé, compte tenu du fait que l'éleveur a dû consacrer plus de temps à cet oiseau, mais cela vaut le « coût ». Assurez-vous que l'éleveur a socialisé l'oiseau, c'est-à-dire qu'il a pris le temps de jouer avec lui et de le caresser, et que l'oiseau a été mis en contact avec des congénères. Malheureusement, les bébés nourris à la main n'ont eu parfois, comme seul compagnon, que la seringue de nourriture à heures régulières et aucune autre stimulation. Ces oiseaux seront enclins à développer des problèmes de comportement.

Choisir un oiseau calme

Avant d'acheter un perroquet, approchez-vous doucement à un mètre de votre futur oiseau. S'il fuit, s'excite ou crie de peur, ce n'est pas un oiseau pour débutant. S'il demeure sur son perchoir sans bouger et qu'il vous observe, c'est bon signe. Approchez alors votre main : s'il s'éloigne en hérissant ses plumes pour paraître plus impressionnant en fixant vos doigts, ce pourrait être un oiseau agressif. S'il attaque votre main, ce n'est définitivement pas un bon premier choix ! S'il se jette au fond de la cage ou grimpe nerveusement, c'est un oiseau facilement effrayé et l'apprivoiser ne sera pas facile. Idéalement, l'oiseau devrait rester sur place ou reculer, mais sans montrer de colère ou de peur excessive. S'il s'approche avec curiosité ou, mieux, s'il penche la tête pour quêter des caresses, c'est le candidat idéal. Si vous lui parlez et qu'il répond par des sons non criards, cet oiseau a probablement le potentiel nécessaire pour parler.

Les premiers pas

Ce qui suit s'adresse aux propriétaires de perroquets non apprivoisés. Si vous n'avez aucune expérience en la matière ou si le puissant bec des perroquets vous effraie, il serait préférable que vous commenciez avec un oiseau assez apprivoisé et qui peut au moins monter sur la perche qu'on lui tend.

Voici quelques petits conseils de base :

- Surtout, ne soyez pas impatient. Votre perroquet a peut-être vécu durant de nombreuses années dans la jungle et, souvent, les seuls humains qu'il a jamais vus, à part vous, sont ceux qui l'ont capturé, mis en cage, transporté (parfois brutalement) et manipulé brusquement pendant la quarantaine. Il a de bonnes raisons d'être effrayé par les humains ! Si l'oiseau a été capturé très jeune dans le nid et a dû être temporairement nourri par l'homme, ce premier contact favorable pourrait faire une énorme différence : il pourrait avoir très rapidement confiance en vous. D'où l'avantage d'acheter un jeune oiseau.

- Pendant la semaine suivant l'achat, laissez votre perroquet s'habituer à son nouvel environnement. Observez-le de loin, vous apprendrez ainsi à connaître ses habitudes et les attitudes qu'il adopte en différentes circonstances. Remarquez quelle est sa nourriture préférée, c'est-à-dire quelles graines il décortique en premier. Vous utiliserez par la suite cette graine (qui sera, chez la majorité des perroquets, la graine de tournesol) comme récompense pour l'apprivoiser.
- La deuxième semaine, s'il mange bien et est en forme, il est temps d'agir ! Triez son mélange de graines de façon à mettre de côté ses graines préférées. Assurez-vous cependant qu'il consomme les autres graines et qu'il reçoit aussi des fruits et des légumes, de sorte qu'il ne soit pas trop affamé.
- Le but de l'apprivoisement est de modifier l'attitude du perroquet vis-à-vis de vous. Vous ne devez plus être la personne qu'il craint, mais celle dont il espère la visite parce qu'elle lui apporte la nourriture qu'il préfère et de l'attention. Bref, vous gagnerez la confiance de votre perroquet grâce à sa gourmandise et aussi en développant une confiance mutuelle.
- Approchez doucement de la cage et offrez-lui une graine de tournesol au bout de vos doigts à travers les barreaux. S'il se jette au fond de la cage en hurlant, il n'est évidemment pas prêt pour cette étape. Dans ce cas, déposez quelques graines dans son plat et retirez-vous. Après plusieurs jours de ce manège, il commencera à comprendre que vous venez le voir non pour l'agresser, mais pour le récompenser.
- Lorsqu'il acceptera enfin de saisir une graine entre vos doigts, le plus dur sera fait !

Amener votre perroquet à monter sur votre main

Vous ne convaincrez votre oiseau de monter sur votre main que s'il est déjà suffisamment apprivoisé pour manger dans votre main. Le principe demeure toujours le même. Vous attirez votre perroquet en lui offrant une récompense et vous lui donnez cette récompense après chaque geste dans la bonne direction.

Commencez par déposer quelques graines dans le creux de votre main. S'il vient les chercher sans hésiter, déposez-en un peu plus loin sur votre bras. Il n'aura d'autre choix pour les atteindre que de monter sur votre main. Soyez très doux et évitez les gestes brusques : c'est une étape critique. Si vous êtes nerveux et que vous retirez rapidement votre main, de peur qu'il ne vous morde, vous pouvez effrayer et traumatiser votre oiseau. Plusieurs perroquets s'aident de leur bec pour monter sur la main ; le fait qu'il approche son bec ne veut donc pas dire qu'il veuille vous mordre. Donnez-lui gentiment un ordre verbal : « Monte » (« *Up* »). Après quelques essais, l'oiseau sera content de se percher sur votre main et d'y grignoter sa récompense. En peu de temps, vous verrez qu'il appréciera votre contact et que la récompense alimentaire ne sera même plus nécessaire. L'oiseau se juchera sur votre main pour le plaisir et le contact, ou par curiosité, ou simplement pour sortir de la cage et jouer avec vous. Lorsque vous voulez qu'il descende, utilisez aussi un ordre clair : « Descends » (« *Down* »). Soyez constant.

Certains perroquets défendent l'accès à leur cage comme ils défendraient un nid dans la nature. Vous ne pouvez introduire un doigt dans leur cage sans qu'ils vous attaquent. Avec beaucoup de patience, beaucoup de temps et surtout beaucoup de graines de tournesol, on peut faire cesser ce comportement. Il est plus simple cependant de vous adapter à l'oiseau et d'utiliser un perchoir de bois pour le sortir de la cage. Une fois sur le dessus de sa cage ou sur un perchoir à pied, cet oiseau montera souvent sans hésitation sur votre bras pourvu qu'il soit récompensé.

Un perroquet qui mord ou se rebiffe n'aura, bien sûr, pas de récompense et vous devrez parfois même le punir. Ne le frappez pas ; utilisez plutôt une des punitions émotives décrites plus haut.

Les commandements

Pour bien guider votre oiseau et en faire un bon compagnon, il est essentiel que vous contrôliez ses décisions.

Le plus simple est d'associer un ordre verbal avec le comportement désiré. De cette façon, l'oiseau comprendra qu'il agit à votre demande. Les « monte » ou « descends » représentent la base de l'apprivoisement. Chaque fois que vous présentez la main ou le perchoir, répétez l'ordre « monte », même si l'oiseau agit spontanément.

Comment montrer des trucs à votre perroquet

Tout le monde a vu des perroquets faire du patin à roulettes, saluer la foule, danser ou marcher sur un fil, une ombrelle dans la bouche. Les oiseaux qui réalisent ces exploits ont été entraînés quotidiennement pendant plusieurs mois par des professionnels, mais il n'est pas dit que, si vous en avez la patience, vous ne pouvez en faire autant avec le vôtre. Procédez toujours par étapes. Décortiquez les mouvements menant aux résultats espérés et récompensez le perroquet pour chaque geste dans la bonne direction. Il existe des ouvrages et même des vidéocassettes qui pourraient vous aider.

Apprendre à votre perroquet à parler

Vous ne pouvez obliger un perroquet à parler. Certains perroquets sont de meilleurs imitateurs que d'autres, mais tous peuvent prononcer quelques mots. Le perroquet parle lorsqu'il se sent confiant, heureux, en santé et qu'il aime son environnement, mais surtout si, et seulement si, cela l'amuse. Il imite les sons et la parole pour jouer.

Vous pouvez l'encourager en lui répétant un ou deux mots faciles dans une situation plaisante pour lui (le réveil, l'heure du repas, la sortie de la cage, le bain…), en le mettant dans la même pièce qu'un perroquet qui parle déjà ou en lui faisant entendre des enregistrements répétant les mêmes mots plusieurs fois.

Le perroquet préfère les mots et les sons expressifs et chantants. Attention, il imitera bien vite les vilains mots plutôt que les bons, surtout si les premiers sont dits d'une voix forte et frappante. Le son du téléphone, du micro-ondes, de la sonnette de la porte et les miaulements du chat seront des sons que votre oiseau adorera imiter ! Il en sera quelquefois gênant, mais comprenez qu'il exprime ainsi son appartenance à votre maison et qu'il s'amuse.

Un perroquet peut commencer à parler à tout âge. Ne vous découragez pas !

Le pense-bête

Le carnet de santé

Un perroquet, selon son espèce, peut vivre de 30 à 90 ans. Vu que votre mémoire, après tant d'années, pourrait vous jouer de vilains tours et que votre perroquet pourrait même faire partie de votre legs, vous auriez donc avantage à conserver une fiche écrite à son sujet. Inscrivez-y le lieu, la date d'achat et la date probable de sa naissance. Notez-y la date des visites chez le vétérinaire et les recommandations reçues ainsi que les problèmes et les maladies que votre perroquet a rencontrés. Conservez aussi des notes sur les moments importants de sa vie : son premier mot, sa première caresse, sa première sortie à l'extérieur, l'achat d'un compagnon et, s'il y a lieu, l'accouplement et la ponte.

Notez également son poids. Le vétérinaire pour oiseaux utilise une balance très précise ressemblant à une casserole où l'on confine l'oiseau, le temps de le peser. On peut l'utiliser pour tous les perroquets à l'exception des Aras qui sont trop grands pour « entrer » dans la balance ! Il existe aussi des perchoirs montés sur des balances électroniques où un oiseau calme pourra se percher le temps qu'on détermine son poids.

Une visite annuelle chez le vétérinaire s'impose. Votre oiseau sera examiné et pesé, et différents soins, comme la coupe de plumes et la coupe de griffes, pourront être offerts au même moment. Lors de votre première visite chez le vétérinaire avec votre perroquet, il vous proposera sans doute une série de tests, comme une hématologie (analyse du sang), une bactériologie (culture des bactéries), une parasitologie (pour vérifier si votre oiseau a ou non des parasites) et plusieurs autres analyses, selon le cas. Quoique dispendieux au premier abord, ces tests pourraient révéler des problèmes que l'examen physique ne permet pas de découvrir et qui pourraient être traités sans délai. Idéalement, ces tests devraient être réalisés sur tout perroquet nouvellement acheté. Certaines analyses, comme l'hématologie, auraient avantage à être réalisées annuellement.

Actuellement, il existe plusieurs vaccins pour les perroquets, mais leur usage est limité. La médecine des oiseaux exotiques est en plein essor et de nombreux laboratoires font d'intenses recherches à ce sujet. D'ici quelques années, il est possible que votre vétérinaire vous suggère certains vaccins, ce qui serait excellent, en particulier pour les oiseaux qui sont en contact avec d'autres congénères, par exemple des oiseaux d'élevage, des oiseaux d'exposition, des oiseaux gardés en volière extérieure.

La quarantaine

Certains pays exigent que tous les perroquets importés subissent une période de quarantaine. Dans d'autres contrées, seuls les perroquets importés directement des zones tropicales ou ceux possédés par des particuliers depuis moins de deux ans doivent être mis en quarantaine. En attendant les résultats de certaines analyses, les perroquets sont gardés dans une station de quarantaine. Chaque pays importateur détermine un certain nombre de jours d'isolement requis.

Dans certaines stations, on garde des dizaines et des centaines d'oiseaux. Le taux de mortalité est malheureusement parfois élevé, à cause de l'apparition de maladies contagieuses.

Dans certains pays, vous pourrez, sous certaines conditions, garder votre perroquet à domicile pendant la quarantaine. Les oiseaux seront bien mieux. Informez-vous auprès de l'ambassade.

Les oiseaux en période de quarantaine seront examinés pour s'assurer qu'ils ne sont pas atteints de certains virus dangereux pour la volaille (entre autres, le virus de New Castle).

Il n'existe pas actuellement de quarantaine où on examine les oiseaux pour vérifier s'ils sont porteurs de l'agent de la psittacose, maladie qu'ils peuvent transmettre aux humains (voir p. 100). Donc, même si votre oiseau a terminé la période de quarantaine, il peut toujours vous transmettre la psittacose, s'il en est atteint. Informez-vous auprès de votre vétérinaire au sujet des tests existant dans votre pays afin de savoir si votre perroquet a cette maladie.

À la maison, même si aucune loi ne l'exige, prenez toujours la précaution d'isoler tout oiseau pendant au moins 45 jours, même s'il a subi la quarantaine légale. Si vous avez déjà un perroquet, sachez que tout oiseau récemment acheté, qu'il s'agisse d'un serin ou d'une perruche, peut être porteur de bactéries dangereuses pour les autres oiseaux.

Une quarantaine à la maison exige que le nouvel oiseau soit isolé dans une pièce différente et que vous-même preniez garde de ne pas transmettre de microbes d'un oiseau à un autre. Lavez-vous les mains chaque fois que vous entrez en contact avec l'un ou l'autre des oiseaux, ne mélangez pas les bols et désinfectez tous les objets à l'usage du nouvel oiseau.

Nous recommandons aussi que le nouvel oiseau soit examiné par un vétérinaire. Certains diront que nous prêchons pour notre paroisse, mais si vous considérez le coût d'un examen vétérinaire par opposition à la valeur de votre perroquet (sa valeur pécuniaire mais aussi sa valeur affective), vous réaliserez que le jeu en vaut la chandelle.

Comment voyager avec votre perroquet

En général, le perroquet n'aime pas beaucoup les déplacements qui, pour lui, constituent un stress. De plus, il faut considérer les risques d'accidents ou de courants d'air qui pourraient le rendre malade. Parfois, nous voyons des perroquets qui apprécient une promenade en automobile, perchés sur l'épaule de leur maître ou dans une petite cage de transport adapté! Nous déconseillons le transport d'un oiseau non enfermé de façon sécuritaire. Imaginez-vous expliquant à un policier que c'est la faute de votre perroquet si vous avez commis une infraction ! Surtout, assurez-vous que votre compagnon a les ailes convenablement taillées, s'il y a le moindre risque qu'il s'échappe.

Pour tous les autres perroquets qui n'apprécient pas les moyens de transport — et aussi pour vous ! —, voici quelques suggestions pour rendre le voyage plus agréable.

Planifiez vos déplacements

Assurez-vous de préparer à l'avance tout ce dont vous pourriez avoir besoin au cours d'un déplacement : boîte de transport, couverture, perchoir, certificat de santé. En vous préparant à la dernière minute, vous risquez d'oublier des éléments essentiels et d'être en retard à vos rendez-vous (spécialement chez le vétérinaire !). Vérifiez si votre moyen de transport est adéquat (votre voiture est-elle en état de rouler ?, le chauffage fonctionne-t-il ?) ou s'il partira à l'heure (avion, train, etc.). Pour les voyages à l'étranger, il est essentiel que vous communiquiez avec les douanes du pays que vous voulez visiter avec votre oiseau pour vous assurer que vous respectez leurs exigences.

Le contenant

La cage ordinaire du perroquet

Avantage : vous n'avez pas à manipuler l'oiseau : vous diminuez son stress et aussi le risque de vous faire mordre.

Inconvénients : la plupart des cages à perroquet, si elles sont bien adaptées à la grosseur de l'oiseau, sont difficiles à déplacer. Elles sont souvent lourdes, larges et encombrantes. De plus, par temps froid, il est presque impossible de couvrir adéquatement une grosse cage. Pour vous faciliter la tâche, retirez tous les objets non fixés, comme les jouets et les balançoires.

Une petite cage destinée à un autre oiseau (cockatiel, perruche)

Avantage : d'un format intéressant, elle ne vous coûte rien si vous l'avez déjà et elle est facile à transporter.

Inconvénients : la porte est souvent trop petite pour y introduire le perroquet. Ces cages ne sont pas conçues pour résister au bec d'un perroquet. Il peut casser les barreaux, briser les éléments de plastique, ouvrir la porte et s'échapper ou se blesser. De telles cages sont très exiguës et le perroquet y abîmera son plumage plus que dans n'importe quel autre contenant. Les cages pour petits oiseaux ne devraient être utilisées pour les perroquets que pour un très court trajet.

La boîte en carton

Avantages : on peut se la procurer facilement et elle ne coûte pas cher. Il existe des formats variés. Elle est légère et facile à isoler du froid. Assurez-vous d'y percer suffisamment de trous d'aération.

Inconvénients : Elle ne résistera pas plus de cinq minutes à la majorité des perroquets ! On peut l'utiliser pour un trajet très, très court, pour un oiseau tellement malade qu'il ne songera même pas à gruger le carton ou pour le perroquet exceptionnel qui ne détruit rien (nous ne l'avons pas encore rencontré !). Comme on ne peut désinfecter la boîte, on ne l'utilisera qu'une seule fois si l'oiseau transporté est malade.

Un contenant vendu spécialement pour les animaux

Avantages : c'est un investissement à long terme et sans nul doute la meilleure façon de déplacer un perroquet. Il peut s'agir d'une petite cage de transport, avec un perchoir. On trouve aussi des contenants en plastique, pour chiens ou chats, avec une grille sur le devant et des trous d'aération. Même si vous ne pouvez y installer un perchoir, ce qui serait plus confortable pour l'oiseau, c'est l'idéal par temps froid, car on peut facilement les couvrir. Quant à la cage, elle est plus difficile à protéger du froid, mais plus aérée par temps chaud. Votre oiseau s'y sentira bien. Il existe en fait des dizaines de modèles et vous auriez avantage à magasiner un peu.

Inconvénient : le coût des contenants pour animaux est élevé mais, si vous avez à voyager régulièrement avec votre oiseau, ils sont indispensables.

En résumé, recherchez un contenant sécuritaire, solide, léger et maniable. Le contenant idéal doit être assez spacieux pour qu'on puisse y installer un perchoir et des bols ; l'oiseau peut voir à l'extérieur tout en étant protégé des courants d'air. N'oubliez pas d'enlever du contenant tous les jouets ou objets mobiles qui pourraient blesser l'oiseau durant le transport.

Se déplacer par temps chaud

Quoiqu'il soit moins risqué de voyager par temps chaud que par temps froid, certaines précautions sont à prendre :

- Assurez-vous que le contenant de transport est bien aéré.
- Ne laissez jamais le perroquet exposé directement aux rayons du soleil.
- Assurez-vous qu'il a à boire en tout temps. Si l'eau risque de se renverser durant le transport, donnez-lui des morceaux de fruits ou de légumes juteux (pomme, prune, raisins, épinards). N'utilisez jamais une éponge mouillée comme source d'eau : le perroquet se fera un plaisir de la déchiqueter et pourrait en avaler des morceaux et s'étouffer.
- Si le perroquet respire la bouche ouverte, très rapidement, se tient les ailes loin du corps et a les plumes collées, c'est signe qu'il a trop chaud. Si cet état persiste trop longtemps ou si la température ambiante continue d'augmenter, il peut devenir faible, comateux et même mourir. Mettez le perroquet devant une source d'air climatisé ou un ventilateur. Arrosez son plumage avec un vaporisateur rempli d'eau tiède. S'il est conscient, offrez-lui de petites quantités d'eau à boire. S'il est inconscient, consultez un vétérinaire le plus tôt possible.

Se déplacer par temps froid

Autant que possible, évitez de transporter votre perroquet par temps froid. Remettez votre voyage à plus tard. Les risques de courants d'air froid et d'infections respiratoires subséquentes sont réels ! Si, par contre, vous devez vous rendre chez le vétérinaire parce que l'oiseau est malade, ne remettez pas votre visite à plus tard. La santé d'un perroquet malade peut se détériorer rapidement. Suivez cependant les précautions décrites ci-dessous.

- Faites réchauffer la voiture pendant plusieurs minutes avant d'y installer l'oiseau.
- Couvrez le contenant de transport de plusieurs couches de serviettes épaisses ou d'une bonne couverture.
- Si le vent est vif, ajoutez un sac en plastique (un sac à poubelle est idéal) par-dessus les serviettes ou la couverture.
- Dans la voiture, retirez le sac, mais laissez les serviettes ou la couverture. N'ayez crainte, votre perroquet ne manquera pas d'air.
- Ne fumez pas durant le voyage.
- Assurez-vous de limiter au maximum la distance à parcourir entre la voiture et l'endroit où vous vous rendez.

Voyager longtemps

Pour les déplacements de longue durée, vous devriez prévoir des haltes d'au moins 15 minutes toutes les 2 heures, pour permettre au perroquet de se relaxer, de boire et de manger.

Pour un long voyage, le contenant de transport devrait être muni d'un perchoir, sans cela l'oiseau sera inconfortable et salira ses plumes au contact de ses fientes.

Le voyage en train, en avion ou en autobus

Chaque compagnie de transport applique une politique différente en ce qui concerne le transport des oiseaux domestiques. Informez-vous avant. Téléphonez à plus d'une compagnie. Idéalement, vous devriez pouvoir garder votre perroquet avec vous dans la section des passagers. Si vous devez sortir de votre pays, téléphonez à l'ambassade du pays où vous allez pour savoir à l'avance quels sont les documents requis. Les règlements régissant l'importation des animaux varient d'un pays à un autre et parfois, pour un même pays, d'un mois à l'autre! Soyez certain, le jour de votre départ, que vous êtes en règle pour passer les douanes. Vérifiez avec l'ambassade.

Voyager sans son perroquet

Il n'est pas toujours possible d'emporter votre oiseau avec vous. Si vous devez vous absenter, que faire?

Le laisser seul à la maison

Si vous prévoyez vous absenter pendant 24 heures ou moins, vous pouvez laisser l'oiseau seul à la maison. Assurez-vous qu'il a à sa disposition de l'eau et des graines en abondance. Pour une période de 48 heures, demandez à un ami de venir jeter un coup d'œil et de changer l'eau et la nourriture la deuxième journée. Plusieurs oiseaux renversent leur plat d'eau en jouant et, si personne ne s'en occupe, ils manqueront d'eau pendant une période critique.

Ne laissez pas votre oiseau seul à la maison pendant plus de deux jours. Même la visite quotidienne d'un ami ne sera pas suffisante. Le perroquet est un animal très sociable et, après quelque temps, il commencera à déprimer, pourra arrêter de manger ou se déplumer.

Le laisser chez des amis

Le foyer d'un ami (si vous avez un ami prêt à vous rendre cet immense service) est le meilleur endroit pour laisser votre perroquet, si vous prévoyez vous absenter pendant plus de 48 heures. S'il y a d'autres oiseaux dans la maison, évitez de les mettre en contact avec le vôtre, même s'ils ne semblent pas malades. Ils peuvent être porteurs de bactéries ou de parasites, votre perroquet aussi. Assurez-vous de laisser à votre ami des instructions claires et précises sur ce que mange votre oiseau, ce qu'il aime, ses activités, son tempérament, à quelle heure il se couche… Prévoyez toujours le pire : que doit faire votre ami si l'oiseau se blesse ou tombe malade, quel vétérinaire consulter, quel montant vous êtes prêt à dépenser pour la santé de votre oiseau, etc.

Le mettre en pension dans une boutique d'animaux, chez un vétérinaire ou chez un particulier

Si vous ne pouvez trouver d'amis généreux pour prendre soin de votre perroquet durant votre absence, vous devrez le mettre en pension.

- Certaines cliniques vétérinaires offrent ce service. Si, par malchance, l'oiseau tombe malade, il sera entre bonnes mains. Assurez-vous cependant qu'il ne sera pas mis dans la même pièce que des oiseaux malades ou que des chiens ou des chats.
- Les boutiques d'animaux peuvent aussi garder des oiseaux. Choisissez un endroit bien entretenu où le personnel semble compétent et où votre perroquet ne sera pas mis en contact avec les perroquets offerts à la vente (qui sont parfois des oiseaux récemment importés, donc pouvant être porteurs de maladies).

  Laissez des instructions écrites concernant les soins à donner si l'oiseau présentait des signes de maladie durant votre absence. Les meilleures instructions à laisser sont les suivantes : « Consultez mon vétérinaire (laissez un nom et un numéro de téléphone) aux premiers signes de maladie. Faites tout ce qui est nécessaire pour préserver la santé de mon oiseau. » Dans certains magasins, si vous ne donnez pas de directives claires, on traitera votre oiseau avec trois ou quatre médicaments avant qu'enfin (s'il est toujours en vie) un vétérinaire l'examine.
- Quelques particuliers et de petites compagnies se spécialisent dans les services de pension pour chats, chiens et autres ani-

maux, incluant les oiseaux. Assurez-vous que votre oiseau ne sera pas mis avec des chiens ou des chats et que l'endroit est équipé pour recevoir les oiseaux. Votre perroquet sera très malheureux dans une cage métallique pour chat. Si vous pouviez trouver une pension pour « oiseaux seulement », ce serait encore mieux. Là aussi, laissez par écrit vos recommandations en cas de maladie.

Que faire si l'oiseau s'évade ?

Chaque année, surtout en période estivale, quand les fenêtres et les portes sont grandes ouvertes, des dizaines de perroquets se perdent à l'extérieur, au grand dam de leur propriétaire. N'en concluez pas trop vite que « ça n'arrive qu'aux autres » ! Même le perroquet le plus calme et le plus apprivoisé ne résistera pas à l'attrait des grands espaces.

Que faire si cela vous arrive ?

- S'il s'agit d'un oiseau apprivoisé et qu'il n'est pas juché trop haut, approchez-vous doucement en lui parlant constamment et tendez-lui votre main ou un perchoir. Lorsque l'oiseau sera perché sur vous, ne tentez pas de le saisir, car son premier réflexe serait de s'envoler dans un endroit peut-être inaccessible. Marchez plutôt doucement avec l'oiseau jusqu'à la maison et… ne tremblez pas trop ! Vous pouvez aussi approcher sa cage.
- Si l'oiseau n'est pas apprivoisé, ne tentez pas de l'approcher. Il n'y a pas de raison pour qu'il soit plus docile à l'extérieur qu'il ne l'était à la maison. Mettez sa cage près de lui, la porte grande ouverte, et placez-y quantité de graines, de gâteries, de fruits, de légumes ou de tout autre aliment dont il raffole et retirez-vous. Bien souvent, après quelques longues minutes, le perroquet préférera la sécurité du connu et ira se réfugier dans sa cage. Vous pourriez, à l'aide d'une ficelle attachée à la porte, refermer la cage à distance, si vous craignez que l'oiseau s'échappe de nouveau.

- Si l'oiseau disparaît de votre vue ou se réfugie très loin, installez tout de même sa cage à l'extérieur ; il n'est pas impossible qu'il y revienne... et assurez-vous que sa cage n'est pas accessible aux chats !
- Avertissez vos voisins, affichez des annonces décrivant les caractéristiques de votre oiseau, offrez même une récompense. Vous devriez aussi téléphoner aux cliniques vétérinaires et aux refuges pour animaux, car quelqu'un pourrait trouver votre oiseau et le rapporter là.

Conseils

- Ne sortez jamais avec votre oiseau perché sur l'épaule s'il n'a pas les ailes convenablement taillées. Une ou deux plumes au bout de chaque aile lui suffisent pour s'envoler.
- En été, si vous ouvrez souvent les portes et les fenêtres de votre maison, et particulièrement si vous avez une porte-fenêtre, pensez à tailler les ailes de votre oiseau.
- N'attachez jamais une patte de l'oiseau à un perchoir pour l'empêcher de s'envoler : c'est très dangereux, il pourrait se casser un membre.
- Si vous trouvez un perroquet à l'extérieur, pensez à son maître, qui est sûrement très peiné. Placez une petite annonce et communiquez avec un vétérinaire.

Comment identifier un perroquet

Que vous perdiez ou trouviez un perroquet, il est important que l'oiseau soit bien identifié. Prenez une photo de votre oiseau, cela peut aider ; par contre, la plupart des perroquets de la même espèce se ressemblent beaucoup. Un vidéo ou une cassette qui enregistre les vocalises de votre oiseau sont beaucoup plus fiables et personnalisés. Si votre oiseau est bagué, notez les chiffres et les lettres, le type de bague et quelle patte est baguée.

Vous pouvez aussi demander l'identification de l'ADN de votre oiseau. C'est un test fiable, mais qui nécessite une prise de sang. Il est aussi possible de faire insérer par le vétérinaire une micropuce (petit objet électronique gros comme un grain de riz) dans la musculature du bréchet (muscle de la poitrine) du perroquet. Cette identification est permanente (à moins de la retirer chirurgicalement) et pourra être lue grâce à un détecteur spécial que possèdent plusieurs vétérinaires et les sociétés protectrices des animaux. Cependant, la micropuce est relativement volumineuse et devra être installée, de préférence, sous anesthésie générale.

Bref, il n'est pas toujours facile de bien identifier un perroquet. Bien connaître votre oiseau, son apparence, ses comportements et ses vocalises est primordial.

Réponses au jeu-questionnaire

Accordez-vous 1 point par bonne réponse

1. Faux. La femelle n'a pas besoin du mâle pour pondre. En fait, certains perroquets femelles vont pondre même si elles ne s'amourachent que d'un jouet, de leur image, de vous-même ou d'un compagnon du même sexe. L'œuf sera cependant infertile. Il n'y a pas d'âge limite pour la ponte. L'oiseau peut commencer à pondre à 3 ans ou à 20 ans!

2. Faux. La femelle perroquet ne portant pas ses bébés dans son ventre comme les mammifères, il est donc anormal que son ventre soit gonflé pendant plus de 24 à 26 heures. Lorsque cette période est écoulée, l'oiseau devrait pondre l'œuf et, alors seulement, le couver pendant une période de 18 à 38 jours. Il est impossible que l'oisillon se développe dans l'œuf encore dans le ventre de la mère. Un œuf retenu va se putréfier et tuer l'oiseau. Un perroquet ayant un gros ventre peut aussi souffrir d'un cancer, d'un blocage, d'une hémorragie interne ou d'une autre maladie.

3. Faux. Les œufs ne sont plus fertilisables lorsque la coquille est formée. Il faut donc que le mâle s'accouple avec la femelle avant la ponte, lorsque l'œuf est dans l'utérus de la femelle, avant que la coquille ne se forme.

4. Faux. Voir réponse n° 1. Même le perroquet solitaire peut pondre; c'est tout de même rare.

5. Faux. À moins que la femelle soit en période de ponte active, son ventre sera aussi plat que celui d'un mâle. On distingue un perroquet mâle d'un perroquet femelle par le sexage chirurgical ou par une prise de sang.

6. Faux. L'homosexualité est possible chez les oiseaux. Même si l'accouplement entre des perroquets du même sexe est exceptionnel, tous les autres jeux amoureux peuvent se produire.

7. Vrai. Le sperme du mâle est viable plusieurs dizaines d'heures après un accouplement. Il est donc possible, puisqu'un œuf peut être produit toutes les 24 heures, que deux ou trois œufs soient fertilisés à la suite d'un seul accouplement.

8. Vrai. Seulement dans le cas où on en a l'habitude, mais cette pratique n'est pas recommandable. Le fait de manipuler les œufs peut tuer l'embryon et parfois rebuter les parents de continuer à couver. Armez-vous de patience et attendez plutôt que s'écoulent les 18 à 38 jours de couvaison.

9. Faux. Dans la plupart des cas, il n'y a aucun problème, surtout si le contact de vos doigts avec l'œuf a été très court, par exemple pour le replacer dans le nid d'où il était tombé. Il est cependant recommandé de ne manipuler les œufs que si c'est absolument nécessaire et d'utiliser une cuillère à soupe.

10. Faux. Il est recommandé d'attendre que les oisillons aient 2 à 3 semaines avant de prendre la relève des parents, à moins d'avoir beaucoup d'expérience et de temps.

Votre résultat

- De 8 à 10 points : Bravo, vous êtes fin prêt pour accoupler vos perroquets !

- De 6 à 8 points : Certains détails vous ont peut-être échappé ! Relisez le chapitre sur la reproduction. Vous comprendrez mieux avec le temps !

- Moins de 5 points : Le monde mystérieux de la reproduction des oiseaux est encore bien ténébreux pour vous. Mieux vaut attendre un peu et comprendre davantage vos oiseaux avant de tenter l'aventure de l'élevage.

Conclusion

Nous espérons que la lecture de cet ouvrage a su développer ou aviver votre passion des perroquets.

Le perroquet est un animal fascinant à nul autre comparable, ne serait-ce que par sa faculté de s'exprimer avec la voix humaine. Parleur ou pas, il est extrêmement intelligent et sensible, et nous nous devons de le respecter et de l'aimer. Le perroquet n'est pas encore à proprement parler un animal domestique, et la vie en captivité n'est pas toujours rose pour lui.

Aussi, nous devons poursuivre nos efforts pour mieux le comprendre et donc l'aimer. Il y a encore tant de choses à découvrir sur notre compagnon ailé !

Bonne chance !

Table des matières

Introduction 9

Le perroquet comme compagnon 11

Les caractéristiques des perroquets étudiés dans ce livre 12

- Les Aras (Macaws) 13
- Les Amazones 14
- Les Gris d'Afrique 17
- Les Cacatoès 18
- Les Conures 20
- Les autres perroquets 22

Critères pour bien choisir votre perroquet 23

En général 23

Pourquoi voulez-vous un perroquet ? 24

Combien de temps avez-vous à lui consacrer ? 24

Quel environnement offrirez-vous au perroquet ? 25

Que choisir ? Un mâle ou une femelle ? 25

Choisir un couple 26

Quel montant d'argent voulez-vous consacrer à l'oiseau ? 26

Où acheter et comment acheter un perroquet ? 27

Règles de base pour le choix de votre perroquet 31

L'examen vétérinaire 36

Comment savoir si votre perroquet est réellement né en captivité ? 39

Les premiers jours après l'achat 41

L'anatomie du perroquet 42
L'alimentation 44
Les graines 44
Les moulées 47
Les fruits et les légumes 48
La nourriture de table 50
Les liquides 51
Les suppléments de vitamines et de minéraux 52
Le gravier 54
Divers (sucreries, nourriture spéciale,
médicaments, charbon, os de seiche) 55
Le perroquet capricieux 56
Le toilettage 58
La taille des plumes 58
Pourquoi tailler les ailes ? 60
La taille des griffes 62
La coupe du bec 65
La coupe de la bague 66
Le bain, la douche et les soins du plumage 68
La cage et les accessoires 71
La cage 71
Le perchoir sur pied 72
Les perchoirs de cage 73
La couverture de la cage 75
Les jouets 76
L'environnement 78
L'emplacement de la cage 78
La température 79
L'humidité 80
L'éclairage 80
L'hygiène de la cage 82
Le fond de la cage 82

Les augets 83
Les perchoirs 83
La cage elle-même 83
Les maladies 85
Symptômes généraux 85
Soins généraux à apporter à l'oiseau malade 86
À propos des maladies 88
Les traitements vétérinaires 90
Les problèmes digestifs 94
L'anorexie 96
Les maladies respiratoires 97
Les virus 103
Les corps étrangers 104
Les maladies du foie, des reins, du pancréas
et d'autres organes 105
Les bosses et les enflures 106
Les problèmes reliés aux plumes 112
Les problèmes de la reproduction 119
La mort subite 124
L'euthanasie 125
Les accidents 127
Les hémorragies 127
Les fractures et autres traumatismes aux membres 131
Les brûlures 132
Les attaques par d'autres animaux 133
Les empoisonnements 134
La vie sociale 138
Votre perroquet est-il intelligent? 138
La vie à l'état sauvage et la vie en captivité 139
Le comportement avec les amis 142
Le comportement avec les enfants 144
Les relations avec d'autres animaux 145

Les relations avec d'autres oiseaux 145
La sortie à l'extérieur de la cage 146
La sortie à l'extérieur de la maison 147
La reproduction 149
Physiologie de la reproduction 149
Mon perroquet est-il un mâle ou une femelle ? 151
Former le couple 153
L'accouplement et la ponte 154
Les accessoires et la nutrition pour les oiseaux
en reproduction 154
La couvaison et l'éclosion 155
Les soins aux nouveau-nés 156
Jeu-questionnaire 157
L'apprivoisement et le dressage 159
Les règles de base 159
Comment choisir un oiseau facile à apprivoiser 162
Choisir un oiseau calme 163
Les premiers pas 163
Amener votre perroquet à monter sur votre main 165
Les commandements 166
Comment montrer des trucs à votre perroquet 166
Apprendre à votre perroquet à parler 166
Le pense-bête 168
Le carnet de santé 168
La quarantaine 169
Comment voyager avec votre perroquet 170
Voyager sans son perroquet 175
Que faire si l'oiseau s'évade ? 177
Comment identifier un perroquet 178
Réponses au jeu-questionnaire 180
Conclusion 182

Cet ouvrage a été achevé d'imprimer
en novembre 2000.

Transcontinental
IMPRESSION
IMPRIMERIE GAGNÉ

IMPRIMÉ AU CANADA